グローバル時代の
アジア都市論

持続可能な都市を
どうつくるか

松行美帆子
志摩憲寿
城所哲夫【編】

大田省一
加藤浩徳
鈴木博明
永井史男
中村文彦
秦　辰也
穂坂光彦
松丸　亮【著】

丸善出版

まえがき

　グローバル化が進む中で，日本とアジア地域の関わりはますます深まり，アジアの都市づくりに関わる機会が増加している．政府開発援助に伴うインフラ整備だけではなく，近年はインフラの輸出も促進されている．さらに関わりはインフラ整備だけではなく，環境保全のための技術移転，NGOによる都市貧困層や災害復興への対応など，その分野は多岐にわたっている．

　アジアの開発途上国・新興国において都市づくりに関わる際に直面する壁としては，制度やそれを支える社会的状況の違いに加え，文化の違いによるに人々の認識の違いなど，都市における諸相が日本と全く異なっている点がある．そのため，アジアの，とくに開発途上国・新興国特有の都市の諸相を体系的に理解することは，そこで事業を展開するに当たって必須事項となってきている．そのような体系的な理解なしでは，アジア都市の抱える諸問題を解決することは大変難しく，かつ，対処療法的な都市開発や関連諸事業はむしろこれらの問題を深刻化させてしまうことすらあるのが現実である．さらに，アジア都市の多くは，グローバル経済の下で現在急速に成長し，その姿を変貌させつつあり，その諸相を理解するのは簡単なことではない．

　そこで，アジアの，とくに開発途上国，新興国における都市について，都市が成り立つ仕組みを解説し，そしてアジア都市の抱える課題への対処策についての知見を提供するために，本書は企画された．

　前半部ではアジア都市の成長ダイナミズムと持続可能性をテーマとし，アジアの都市を理解するための諸理論や制度とその運用，歴史をまとめている．第1章では，都市の成長について，人口と空間両面から論じている．第2章では，都市の経済成長の理論からアジアの都市の成長の方向性について論じている．第3章においては，欧米で発展した都市計画制度を受容したアジア諸国の都市計画制度の特徴と課題を類型ごとに整理し，今後の展望について論じている．第4章においては，ガバナンス，ガバナンスと制度の関連について論じ，タイ，インドネシア，フィリピンの都市ガバナンスの様態を解説している．第5章においては，アジア市民社会論とアジアにおけるNGOの活動について論じている．第6章については，アジアの都市のたどった過程を，古代から現代までたどることにより，アジアの都市の特性の由来をひもといている．

　後半部では持続可能な都市づくりへの処方箋をテーマに，都市が抱える各課題

を解説し，その対応策について検討をしている．第7章においては，アジア都市の抱える生活，都市環境問題から，地球環境問題までを対象に，その背景と現状，持続可能な都市へ向かうための方向性を論じている．第8章においては，先進国とは様相の異なる新興国における都市交通問題への対応のため，海外の先進事例の新興国への適用について検討している．第9章においては，主にスラムを対象として居住政策と居住運動の展開について論じている．第10章においては，日本における災害，防災，復興と都市計画，まちづくりの関連を述べ，アジア都市における防災の課題について論じている．第11章においては，アジアの都市においてインフラを整備するためのファイナンスの手法として，PPP（官民連携）と開発利益還元の仕組みを解説している．第12章においては，アジア諸国の都市開発における国際協力の枠組みとして，主要援助機関およびさまざまな国際的イニシアティブの取り組みを解説している．

　本書の著者の多くは，都市工学，土木工学，建築学などの建設系の研究者になる．しかしながら，本書は空間的な意味に限定したハードな都市づくりではなく，社会的な，ソフトな意味をも含めた広い意味でのアジアの都市づくりに関わる，もしくは関心のある方々を読者層として想定している．具体的には，アジアの都市づくりに関わる社会人，研究者，そしてこれからアジアの都市づくりに関わりたいと考えている学部学生，大学院生である．本書がアジアの都市づくりに携わる読者を通じて，アジアの持続可能な都市づくりへの一助となれば幸いである．

　本書を出版するにあたり，丸善出版株式会社の小林秀一郎さん，松平彩子さんには，多くの助言と忍耐強いご支援をいただいた．記して感謝を表したい．

2015年12月吉日

執筆者を代表して
松行　美帆子

※本書の事例内容を常にアップデートすることを目的としたウェブサイ（http://iucp.net）には最新の事例をアップしていく予定である．

編者・執筆者一覧

【編　者】
松　行　美帆子　　横浜国立大学大学院都市イノベーション研究院 准教授
志　摩　憲　寿　　東洋大学国際地域学部 准教授
城　所　哲　夫　　東京大学大学院工学系研究科 准教授

【執筆者】（50音順，[　]内は執筆章）
大　田　省　一　　京都工芸繊維大学工芸科学研究科 准教授 [6章]
加　藤　浩　徳　　東京大学大学院工学系研究科 教授 [2章]
城　所　哲　夫　　東京大学大学院工学系研究科 准教授 [3章, 7章]
志　摩　憲　寿　　東洋大学国際地域学部 准教授 [12章]
鈴　木　博　明　　世界銀行 都市開発コンサルタント [11章]
永　井　史　男　　大阪市立大学大学院法学研究科 教授 [4章]
中　村　文　彦　　横浜国立大学 理事・副学長 [8章]
秦　　　辰　也　　近畿大学総合社会学部 教授 [5章]
穂　坂　光　彦　　日本福祉大学大学院国際社会開発研究科 特任教授 [9章]
松　丸　　　亮　　東洋大学国際地域学部 教授 [10章]
松　行　美帆子　　横浜国立大学大学院都市イノベーション研究院 准教授 [1章, 7章]

目次

第1章　都市の成長　1
- 1.1　都市人口の増加とアジア地域の都市 …………………………… 1
- 1.2　アジア地域の都市の空間的な成長 …………………………… 11
- 1.3　これからのアジアの大都市の成長──持続可能な都市になるのか … 17

第2章　経済成長と都市整備　20
- 2.1　はじめに …………………………………………………… 20
- 2.2　短中期的な経済成長 ……………………………………… 22
- 2.3　長期的な経済成長 ………………………………………… 25
- 2.4　技術水準と都市の果たす役割 …………………………… 27
- 2.5　経済成長による弊害と都市インフラ整備 ……………… 29
- 2.6　グローバル化とアジアの都市の経済成長 ……………… 32
- 付録1：2地域間の生産要素の配分モデル ………………… 34
- 付録2：労働者一人当たりの生産量の成長率の導出 ……… 35

第3章　都市計画　37
- 3.1　グローバリゼーションの中のアジア都市 ……………… 37
- 3.2　都市計画制度の受容 ……………………………………… 39
- 3.3　都市計画制度の特徴と課題 ……………………………… 44
- 3.4　都市計画の課題と展望 …………………………………… 49

第4章　都市のガバナンスと制度　53
- 4.1　はじめに …………………………………………………… 53
- 4.2　「ガバメント」から「ガバナンス」へ ………………… 54
- 4.3　ガバナンスと「制度」 …………………………………… 57
- 4.4　東南アジア3カ国の都市自治制度とガバナンス ……… 61
- 4.5　おわりに …………………………………………………… 67

第5章　市民社会とNGO　69

- 5.1　アジア市民社会論の展開……70
- 5.2　アジア市民社会とNGOの枠組み……74
- 5.3　各国の市民社会とNGOの活動スペース……76
- 5.4　NGOの推定数と都市型NGOの動き……81

第6章　都市形成史　86

- 6.1　アジア都市の起源を探る……86
- 6.2　古代都城理念……87
- 6.3　港市・鎮市——商業都市ネットワークの形成……91
- 6.4　植民地都市……94
- 6.5　国民国家の首都……98

第7章　都市環境　102

- 7.1　アジア都市環境の視点……102
- 7.2　アジア都市の環境の現状と課題……106
- 7.3　グリーン経済と持続可能な都市……114

第8章　都市と交通　118

- 8.1　はじめに……118
- 8.2　都市交通の考え方……119
- 8.3　都市交通の先進的事例……120
- 8.4　新興国での課題……130
- 8.5　おわりに……131

第9章　都市貧困層の居住形成と政策・支援　132

- 9.1　都市居住の課題……132
- 9.2　居住政策と居住運動の展開……135
- 9.3　インフォーマル居住地改善への理論的枠組み……144
- 9.4　グローバル時代の連携協力——居住改善への同時代性の視点……148

第10章　都市と防災　150

- 10.1　はじめに……150
- 10.2　日本における防災・復興と都市計画・まちづくり……151
- 10.3　防災の基本を知る……155

10.4 アジアの都市と防災……………………………………………… 159
   10.5 おわりに………………………………………………………… 166

第11章 都市開発とファイナンス 168

   11.1 アジアの都市のインフラ投資需要……………………………… 168
   11.2 都市インフラ投資の財源………………………………………… 169
   11.3 PPP（官民連携）………………………………………………… 173
   11.4 開発利益還元……………………………………………………… 177
   11.5 都市開発金融……………………………………………………… 181

第12章 国際協力 184

   12.1 国際協力の枠組みと都市分野の立ち位置……………………… 185
   12.2 都市分野における世界的目標と主要援助機関の動向………… 192
   12.3 日本の都市分野における国際協力……………………………… 199
   12.4 まとめ…………………………………………………………… 201

索　　引　204
編者・執筆者紹介　208

第 1 章
都市の成長

本章では，アジア地域，特にアジアの開発途上国・新興国の都市が，グローバル経済の影響を受けつつどのように成長しているのかについて概説する．まず，都市人口の増加という観点，次に都市空間の拡大という観点から都市の成長について述べる．

1.1 都市人口の増加とアジア地域の都市

(1) 都市人口の増加

20世紀は都市化の時代とも呼ばれている．1950年には世界の人口の約70％が農村に，残りの約30％が都市に居住していたが，都市人口は増え続け，2007年にその関係が逆転し，2014年では，都市人口は世界の人口の54％が都市に居住している（図1-1）．

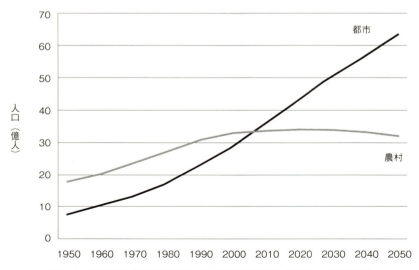

図 1-1 世界における都市人口，農村人口の推移（1950～2050年）
出典：United Nations（2015）より筆者作成

2　第1章　都市の成長

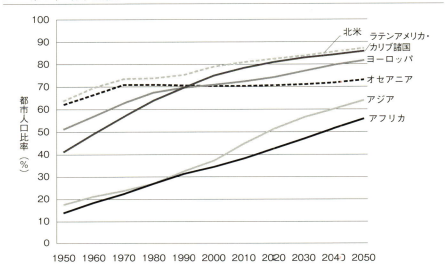

図1-2　世界における都市人口比率（1950〜2050年）
出典：United Nations（2015）より筆者作成

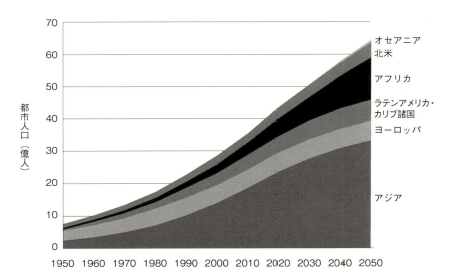

図1-3　各地域の都市人口の推移（1950〜2050年）
出典：United Nations（2015）より筆者作成

図 1-2 に示すように，都市人口の比率は地域によって大きく異なる．2014 年に都市人口率 80％を超える地域としては，ラテンアメリカや北米が挙げられ，ヨーロッパも現在 73％の都市人口比率が 2050 年には 80％を超えると言われている．それに対して，アフリカとアジアの都市人口比率はそれぞれ 40％と 48％である．このように北米，ラテンアメリカ，ヨーロッパに比べてアジアの都市人口比率は小さいが，アジアにおける都市人口比率はアフリカとともに，急速に伸びている．アジアにおける 1950 年の都市人口比率はわずか 17％であり，それが 2050 年には 64％になると予想されている．アジアにおいては，20 世紀中盤から 21 世紀中盤は，まさに都市化の時代であると言えよう．

アジアにおける都市人口比率は北米，ラテンアメリカ，ヨーロッパと比較して小さいものの，アジア地域の人口は 2014 年で約 44 億人であり，世界の人口の約 60％を占めているため，都市人口で考えるとアジア地域の占める割合は非常に大きいものとなる．現在，世界で人口規模の大きな 10 の国のうち，6 カ国（中国，インド，インドネシア，パキスタン，バングラデシュ，日本）がアジア地域にあり，世界の都市人口は 2014 年で約 38 億人であるが，そのうち 53％がアジアの都市に居住している（図 1-3）．今後 2050 年までに世界の都市人口は 25 億人増えると予想されているが，その約半数はアジア地域での増加である．

このように，世界において現在急速に都市人口が増加しているが，都市人口を

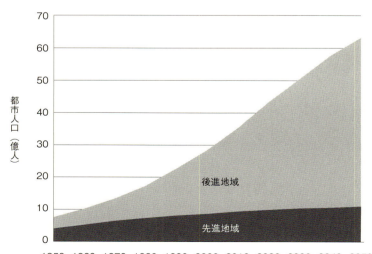

図 1-4　経済発展別の各地域の都市人口の推移（1950 〜 2050 年）
　　　　出典：United Nations（2015）より筆者作成

経済の発展具合により2つの区分，先進地域（more developed countries），後進地域（less developed countries）に区別したものが図1-4である．先進地域では都市人口の伸びはほぼ横ばいであるのに対して，後進地域においては，都市人口は1950年以降の100年間で急増しており，都市人口の急増は後進地域を中心に進んでいることがわかる．

表1-1　アジアのメガシティ

1990（10都市）	2014（28都市）	2030（41都市）（国連の予想）	
東京（日本）	東京（日本）	東京（日本）	深圳（中国）
大阪（日本）	デリー（インド）	デリー（インド）	リマ（ペルー）
ニューヨーク（USA）	上海（中国）	上海（中国）	モスクワ（ロシア）
メキシコシティ（メキシコ）	メキシコシティ（メキシコ）	ムンバイ（インド）	ボゴタ（コロンビア）
サンパウロ（ブラジル）	サンパウロ（ブラジル）	北京（中国）	パリ（フランス）
ムンバイ（インド）	ムンバイ（インド）	ダッカ（バングラデシュ）	ヨハネスブルグ（南アフリカ）
カルカッタ（インド）	大阪（日本）	カラチ（パキスタン）	バンコク（タイ）
ロサンジェルス（USA）	北京（中国）	カイロ（エジプト）	ロンドン（イギリス）
ソウル（韓国）	ニューヨーク（USA）	ラゴス（ナイジェリア）	ダルエスサラーム（タンザニア）
ブエノスアイレス（アルゼンチン）	カイロ（エジプト）	メキシコシティ（メキシコ）	アーメダバード（インド）
	ダッカ（バングラデシュ）	サンパウロ（ブラジル）	アンゴラ（ルワンダ）
	カラチ（パキスタン）	キンシャサ（コンゴ）	ホーチミン（ベトナム）
	ブエノスアイレス（アルゼンチン）	大阪（日本）	成都（中国）
	カルカッタ（インド）	ニューヨーク（USA）	
	イスタンブール（トルコ）	カルカッタ（インド）	
	重慶（中国）	広州（中国）	
	リオデジャネイロ（ブラジル）	重慶（中国）	
	マニラ（フィリピン）	ブエノスアイレス（アルゼンチン）	
	ラゴス（ナイジェリア）	マニラ（フィリピン）	
	ロサンジェルス（USA）	イスタンブール（トルコ）	
	モスクワ（ロシア）	バンガロー（インド）	
	広州（中国）	天津（中国）	
	キンシャサ（コンゴ）	リオデジャネイロ（ブラジル）	
	天津（中国）	マドラス（インド）	
	パリ（フランス）	ジャカルタ（インドネシア）	
	深圳（中国）	ロサンジェルス（USA）	
	ロンドン（イギリス）	ラホーレ（パキスタン）	
	ジャカルタ（インドネシア）	ハイデラバード（インド）	

注：下線はアジア地域の都市

出典：United Nations（2015）より筆者作成

このように，現在アジア，特にアジア開発途上国・新興国において都市人口が急速に増加しており，それに伴い都市の人口規模も大きくなりつつある．1,000万人以上の人口の集積がある都市を「メガシティ（megacity）」と呼ぶが，メガシティの数は1990年には世界で10都市のみであったが，2014年には28になり，2030年までに41都市がメガシティになると考えられている（表1-1）．2014年の28のメガシティの人口は世界人口の12％にすぎないが，経済活動がメガシティに集中していることから，メガシティは非常に大きな影響力を持っていると言えよう．2014年においては28のメガシティのうち16都市が，2030年においては41都市のうち24都市がアジアに集積することになると言われている．

(2) **都市化の速度**

図1-5に先進国の都市としてロンドン，ニューヨーク，東京（都市圏）の人口の変化を1800年から1975年まで示した．図1-6はアジア地域の開発途上国・新興国の都市として，上海，ダッカ，カラチ，マニラ，ジャカルタ，バンコク（都市圏）の1950年から2030年までの人口変化推移および予測を示したものである．

図1-5と図1-6のデータは出典が異なるため，単純に比較はできないが，ロ

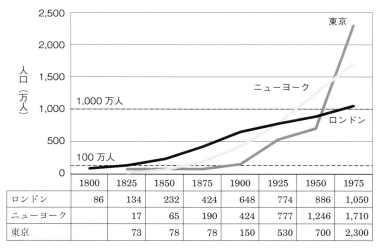

図1-5　ロンドン，ニューヨーク，東京都市圏における人口推移（1800～1975年）
　　　出典：Chandler（1987）Four thousand years of urban growth より筆者作成

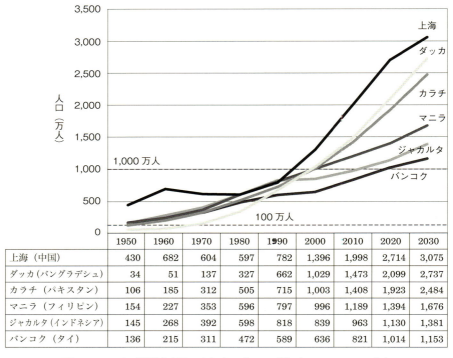

図 1-6 アジア開発途上国の大都市の人口の推移（1950〜2030年）
出典：United Nations（2015）より筆者作成

ンドン，ニューヨーク，東京が100年から150年かけて人口が100万人レベルからメガシティと呼ばれる1,000万人レベルにまで達しているのに対し，アジア開発途上国の多くの大都市圏において，人口が1,000万人レベルにまで到達するのに50〜60年，すなわち先進国の大都市の半分しかかかっていないことがわかる．このような，短期間での急速な人口増加というのが，アジア開発途上国の大都市の特徴であると言えよう．

(3) 都市人口増加の背景

このように，アジア地域の開発途上国においては，都市人口が急速に増加している．その背景にあるのが農村から都市への人口の移動，すなわち社会増である（渡辺，1996）．農村から都市への人口の流入の要因として，農村から都市への押し出し要因（push factor）と，都市から農村への引っ張り要因（pull factor）

の両方があると指摘されている．

　農村から都市への押し出し要因としては，農村における急速な人口の増加が挙げられる．第二次世界大戦終了後，開発途上国における乳幼児死亡率は急速に低下していった．その結果，アジアの開発途上国では，年率2～3％といった急速な人口増加を経験することとなった．農村地域でも人口増がおこったが，これまでの伝統的な農業技術では，これらの急増した人口を養うことはできず，新たな農地の開墾も行われたが，それが限界に達すると，あふれた人口は都市に向かって流れ出すようになった（新津，2002）．また，この他に，洪水などの自然災害により農地や家屋などを失い，元々住んでいた農村では生計を成り立たすことができず，都市へ移住せざるを得ないといった事情がある場合もある．

　一方，都市から農村への引っ張り要因としては，まず都市における経済水準の高さ，すなわち都市における雇用機会の多さおよびその賃金の高さが上げられる．次に，都市ではインフラ整備が集中的に行われるため，道路や公共交通機関，上下水道などの経済インフラおよび教育機関や病院などの社会インフラの整備に伴う，都市での生活の快適性，安全性もその要因となる．また，都市へのさまざまな機能の集積による「集積の経済」による恩恵も大きい．このような都市の引っ張り要因により，都市と農村の「格差」は大きく開くようになり，その格差の大きさ故に農村から都市への人口の移動は促進されることとなった．

(4) 都市問題の発生と過剰都市化

　アジア開発途上国・新興国においては，大都市における急速な人口の増加により，さまざまな都市問題が発生している．

　まず，第一の問題が雇用問題である．農村から都市へ移住してきた人々は，都市において工業部門などの近代部門での就労を希望する．しかしながら，都市人口の伸びが非常に早く，工業化のスピードがそれに伴っていない状態では，工業部門などの近代部門においてすべての農村から移動してきた労働力を吸収することはできない．韓国や台湾，NIES諸国においては，農業部門からの流出労働力が工業部門に吸収されたが，東南アジア諸国においては，農業部門からの流出労働力のうち工業部門に吸収された比率は小さく，その残りの多くは，サービス部門，とりわけ低生産性，低賃金，不完全就業という特徴を持つインフォーマルセクターに吸収されることとなる（渡辺，1996）．

　インフォーマルセクターについては，ILOの定義によると，以下のような条件を持つものと定義されている．
(1) 新規参入が容易である
(2) 現地の資源を活用している
(3) 家族経営が中心である

図 1-7　ダッカのリキシャ引きの男性

(4)　小規模である
(5)　労働集約的で技術水準が低い
(6)　労働者の技能が正規学校教育の外側で得られる
(7)　市場が公的な規制を受けることなく競争的である

　この定義より，インフォーマル部門は，農村から移動してきた労働力が新規に参入しやすい反面，そこから得られる収入は低く，小商人，露天商，床屋，修理屋，商店の手伝い，女中，パラトランジットの運転手，日雇い労働者などの雑業的なサービス業がそれにあたる（図 1-7）．

　表 1-2 に示したように，アジア開発途上国においては，非農業セクターにおけるインフォーマルな就業の割合が非常に高く，多くの都市の住民がインフォーマルセクターで就労していることがわかる．

表 1-2　アジア開発途上国における非農業セクターにおけるインフォーマルな就労の割合（%）

中国	インド	インドネシア	パキスタン	フィリピン	ベトナム
21.9	67.5	60.2	73.0	72.5	43.5

出典：ILO（2012）より筆者作成

　次に挙げられる問題は，住宅の問題である．農村から都市への移住してきた人の大部分は貧しく，かつ都市においてもその多くが定収入のインフォーマル部門で働かざるを得ず，貧困からは抜け出せない．その一方，人口増加のスピードお

よび必要数の多さより，そのような貧困層の人々に対するアフォーダブル住宅（低所得者用の低廉な価格での住宅）の供給は，政府および地方政府が十分に行うことは予算の制約からできない．その結果，多くの農村から出てきた移住者は，都市の中のスラムに居を構えることになる．スラムの多くは居住権が確保できておらず，またその生活環境も非常に劣悪なものとなっている（第9章参照）．

さらなる問題としては，都市環境問題がある．公共交通網，道路，上下水道などのインフラの整備も人口の増加に追いつかず，道路の渋滞による大気汚染，生活排水の河川や運河への垂れ流しなどによる環境問題も発生している（第7章参照）．

このような都市の雇用や，住宅，インフラなどの供給能力に対して，人口が過剰である状態を「過剰都市化（over-urbanization）」と呼ぶ．先進国においては，前述のように100年から150年かけて，都市人口が増加していった結果，都市化と工業化のスピードに大きな開きはなく，雇用の創出や，工業化に伴う経済発展により，住宅やインフラなどを供給できる環境をつくりあげることができた．それに対し，開発途上国においては，非常に急速に都市化が進行していった結果，工業化がそのスピードに追いついていかず，人口に対して十分な雇用を供給できず，経済発展のスピードも人口に十分な住宅やインフラを供給できるほどのものではなかった．このように，多くのアジア開発途上国・新興国の都市は，「過剰都市化」の状態にあると言われていた．

(5) トダロの人口移動モデル

前述したように，多くのアジア開発途上国の大都市においては過剰都市化の状態にあり，それ故に雇用問題を始めとする多くの都市問題を抱えている．雇用問題を抱える，すなわち提供できる雇用以上に人口を抱えている「過剰都市化」の状況でありながら，多くの人が農村から都市へ移動してくるという状況は，一見矛盾をしているように見える．

この現象を説明したのが，「トダロの人口移動モデル」である．通常，農村から都市への移住を検討する際に，移住者は，農村や都市で職を得られそうな種々の労働市場を十分に検討し，移住で期待できる利得が最大になるような選択をする．そして，各自がある時間範囲内で，都市部門から得る期待所得と現状の平均農村所得を比較し，前者が後者を上回る際に移住が生じる．

農村から都市へと移動してくるのは主に若者であり，彼らは移動時点での都市での期待所得と農村所得との比較ではなく，より長期の，しばしば生涯ベースの両所得の比較をする．すなわち，移動者は，長い都市生活の中でその確保を期待しうる年々の賃金所得（期待所得）の流れの現在価値と，農村にとどまってる場合に得られるであろう所得の流れの現在価値とを比較して，移動するか否かの意

思決定を行う．

現在から将来にわたる都市賃金ならびに農村所得の流れをそれぞれ $Y_u(t)$，$Y_r(t)$ とし，n を人々が都市あるいは農村で働こうと考えている年数，i を割引率（移動者の消費の時間選好を反映した割引率）とすると，都市賃金 $Y_u(t)$ と農村所得 $Y_r(t)$ の現在価値はそれぞれ，下記のように表すことができる．

$$Y_u(t) \text{の現在価値：} \quad \sum_{t=0}^{n} Y_u(t) / (1+i)^t$$

$$Y_r(t) \text{の現在価値：} \quad \sum_{t=0}^{n} Y_r(t) / (1+i)^t \tag{1.1}$$

期待所得を賃金所得に t 期の就業確率 $P(t)$ を乗じたものとすると，都市における期待所得の現在価値は以下のようになる．

$$\text{都市における期待所得の現在価値：} \quad \sum_{t=0}^{n} P(t) Y_u(t) / (1+i)^t \tag{1.2}$$

都市における期待所得の現在価値から農村所得の現在価値を差し引いた，都市期待所得の純現在価値 $V_u(0)$ は以下のように表すことができる．なお，$C(0)$ は移動費用である．

$$V_u(0) = \sum_{t=0}^{n} P(t) Y_u(t) / (1+i)^t - C(0) - \sum_{t=0}^{n} Y_r(t) / (1+i)^t \tag{1.3}$$

農村での人口は，$V_u(0)$ がプラスの時は都市に移動する意思決定をし，マイナスの時は農村に残る意思決定をするのである．

人々は，長く都市に生活するにつれ，フォーマル部門との接触機会を得，雇用情報を入手することにより就業確率 $P(t)$ を増加させる．そのために，農村からの移動者はまずインフォーマル部門に入り，しかる後にフォーマル部門に参入するという「2段階」移動を試みることとなる．

都市フォーマル部門の賃金 $Y_u(t)$ が高水準である限り，都市に失業やインフォーマルセクターでの就業などの雇用問題が存在していても，労働者は農村から都市へと移動してくるのである（トダロ・スミス，2010）（渡辺，1996）．

1.2 アジア地域の都市の空間的な成長

(1) 都市の空間的な拡大

都市の人口が増加するに従い,都市は空間的に拡大していく.図 1-8 は東京の市街地(DID 地区)の拡大(1914 年,1945 年,1986 年)を示した図である.東京の人口増加による郊外化が始まったのは 1920 年代に入ってからであり,鉄道網に沿った形で郊外化が進んでいき,鉄道駅を中心に市街化が進んでいった(村山,2005a).図 1-9 はタイの首都,バンコクの市街地の拡大(1953 年,1971 年,1993 年)を示した図である.東京に比べ,都市の空間的な拡大の期間が短く,その拡大は主要幹線道路に沿っての拡大である.当時のバンコクには都市鉄道はまだなく,自動車に依存した都市におけるこのような幹線道路沿いの市

図 1-8 東京の市街地(DID 地区)の拡大

出典:村山(2005b)

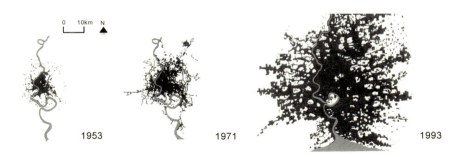

図 1-9 バンコクの市街地の拡大

出典:Wanisubut(1994)

表1-3 アジア地域の大都市の人口と市街地（2000年，2010年）

		東京	大阪	上海	ジャカルタ	マニラ	バンコク	ホーチミン	クアラルンプール
人口	2000年（千人）	27,696	10,638	14,021	16,292	12,202	7,826	5,309	3,973
	2010年（千人）	31,788	12,274	24,196	23,432	16,522	9,555	7,762	5,750
	年増加率（％）	1.4	1.4	5.6	3.7	3.1	2.0	3.9	3.8
市街地	2000年（km²）	5,434	2,047	1,605	1,338	1,024	1,910	549	1,541
	2010年（km²）	5,570	2,073	3,482	1,600	1,275	2,126	815	1,739
	年増加率（％）	0.2	0.1	8.1	1.8	2.2	1.1	4.0	1.2

出典：World Bank（2015）より筆者作成

街地の拡大の様子をリボン・ディベロップメント（ribbon development）と呼ぶ．リボン・ディベロップメントは，幹線道路から入った場所，および幹線道路と幹線道路の間の場所は未開発のまま，開発は郊外に進んでいき，効率的な土地利用とは言えない．

このように，都市の郊外化の形状はその主要な交通手段や地形などにより異なり，そのスピードも都市により大きく異なる．

表1-3に2000年と2010年のアジアの大都市の市街地面積の推移を示している．東京，大阪の市街地の2010年における年平均増加率は0.1～0.2％であるが，開発途上国にあたる大都市の市街地の年平均増加率はすべて1％を超えており，上海に関しては8％を超えている状態である．アジアの開発途上国の大都市における人口は現在急速に増加しているが，市街地も同様に急速に拡大している，すなわち郊外化が進んでいることが理解できる．

(2) アジアメガシティの空間的変容，McGeeのEMR都市論

1985年のプラザ合意を契機として，1980年代後半より，アジア諸国は急速に経済発展を遂げ，それに伴い都市の様相も変化してきた．その現在のアジアの都市の様相を，今野は「グローバルな工業化・金融自由化に巻き込まれ，新興工業団地と大規模ニュータウンを郊外に配した巨大な首都圏が形成され，中心部には多国籍企業本社が立地するビジネス街や欧風のショッピングモールが出現し，首都圏・地方都市を問わず大型ショッピングセンターが開発された」都市と描いている（今野，2006）．この現在のアジアの都市像は，「過剰都市化」論が前提としてきた大半の都市住民が貧困層であるという都市像とは大きくかけ離れている．現在，「過剰都市化」論ではその都市の姿を説明できないと多くの研究者により指摘されている．

このような新しいアジア開発途上国の大都市圏を構造的に説明する理論はさまざま提唱されているが，最も代表的なものが McGee を中心として提唱されている「デサコタ（desakota，農村都市共同体）」および「EMR 拡大首都圏（Extended Metropolitan Regions）」である．欧米のメガシティにおいては，中心部へ集中した人口が郊外に拡散しながら，メガシティになっていくという都市の拡大プロセスがあった．しかしながら，アジアの大都市においては，都市拡大のプロセスは大きく異なっている．アジア開発途上国の大都市においては，都市圏が拡大するにつれて，都市の周辺に位置している農村地帯と農村人口を巻き込んでいったとするものであり，このような地域が「EMR 拡大首都圏」と名付けられた．アジア諸国においては，都市周辺に伝統的に集約的な水田耕作が発達しており，高い人口密度の農業地帯が存在していた．このような農業地帯の近辺に工業団地が造成され，この高人口密度の農業地帯は工業団地へ，大量の労働力を提供した．そのような農業地帯に都市的な土地利用が紛れ込んだ状態を McGee は desakota（農村都市共同体）と呼んだ．desa とはインドネシア語で農村，kota とは都市という意味であり，まさに都市的土地利用と農村的土地利用が混在しているアジア独特の郊外の姿を現した言葉である．このような，農村都市共存型のスプロールというアジア，特に東南アジア独自の都市圏の姿が，グローバル経済の波に飲み込まれることによって誕生したのである（図 1-10，図 1-11）．

(3) 小長谷の FDI 型新中間層都市

この McGEE らのデサコタや EMR に対して，小長谷（1997）は，アジアの大都市圏におけるスプロール地帯において，FDI（海外直接投資）による工業団地開発および新中間層向け住宅開発を，いままでの欧米の都市の展開とは異なる，アジアの都市の特徴とし，このような大都市の郊外を「FDI 型新中間層都市」と呼んだ．

■ 都市郊外の工業団地

アジア開発途上国の都市周縁部において，新興工業団地が次々と開発されるようになった契機は，1985 年のプラザ合意である．プラザ合意により，円や NIES 現地通貨のドルに対する政策的調和がなされ，プラザ合意前後で，1ドルあたり 240 円から 120 円へと一気に円高が進んだ．円高の加速により日本の製造業は生産の拠点を海外に移さざるを得なくなり，その海外拠点の 1 つがアジア諸国であり，特に労働集約型の産業がアジア諸国にその生産拠点を移した．NIES 諸国も日本同様に自国の通貨高のため，アジアの開発途上国への進出を行った．

日本や NIES 諸国からの生産拠点の移転を受け入れる側のアジア途上国・新

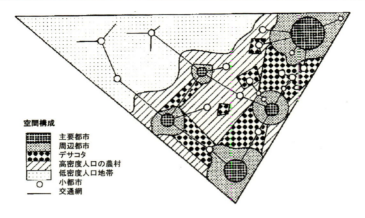

図1-10 アジア都市の空間的配置

出典：McGee（1991）

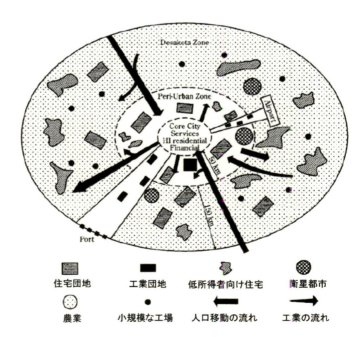

図1-11 東南アジアのメガアーバンリージョンにおける空間的配置

出典：McGee（2009）

興国も，都市郊外へ工業団地を整備し，港湾や道路などのインフラも整備するなど，受け入れ体制を整備した．タイなどのように，工業団地を全国に建設し，分散を図るために首都バンコクから離れれば離れるほど，法人税や輸入関税の減税などの優遇を施した国もあるが，結果として，多くの外国企業は大都市周辺，工業団地を選ぶこととなり，大都市周辺に工業が集積することとなった．

■ **新中間層と郊外居住**

　1980年代後半以降，アジアの開発途上国がグローバル経済の波に飲み込まれ，急速に工業化していき，その結果急速にその経済力を伸ばしていった．アジア諸国の経済発展に伴い，着目されるようになったのが「新中間層」と呼ばれる新しい社会階層である．新中間層の定義はさまざまあるが，従来の中間層と異なるのが，所得階層だけで定義されているのではなく，大学卒業の管理職・専門職・事務職（ホワイトカラー）と，その学歴や職業で定義されている点である．新中間層は，都市中間層やニューリッチとも呼ばれることがあり，経済成長とともにその層の厚みが増し，社会的な影響力が増してきていることから注目されている．

　たとえば，韓国，台湾，タイ，インドネシアなどにおいて，1980年代から1990年代にかけての民主化運動の中心的な担い手になり，携帯電話を持ちながらデモに参加する姿は，「モバイルフォーン・モブ」とも呼ばれた．また，アジアの新中間層に共通しており，注目されているのが彼らの欧米的な大衆消費主義的生活スタイルである．今野（2006）はインドネシアを事例にして，インドネシアの新中間層が世俗的な価値観を持っており，彼らは近代的な高級住宅地に住み，庶民には手が届かない車を買い，ショッピングセンターやスーパーマーケットに頻繁に行くというライフスタイルを描いている．

　アジア開発銀行が毎年刊行している『Key Indicator for Asia and the Pacific』の2010年版は「アジア中間層の台頭（The rise of Asia's middle class）」という特集が組まれた．ここでは，一人当たりの1日消費額2〜20ドルを中間層と定義している．この定義を用いた，地域ごとの中間層の割合の推移（1990年，2008年，2030年）を示したのが表1-4である．この中間層が急速に増加している地域はアジア開発途上国であり，1990年において中間層の人口が全体の21％であったのに対し，2008年には56％となり，全人口の半数を超えるに至った．

　表1-5はその中間層の消費行動を表した表であり，中国，インド，フィリピンにおける各階層ごとの耐久消費財の保有率を表している．インドやフィリピンでは，上位の中間層（一人1日当たり消費額10〜20ドル）になると，自動車の保有率がそれぞれ8％，40％にもなる．下位中間層は貧困から抜け出し，必要な家電を買い始める段階であるが，上位中間層になるとより快適な生活を求め

表1-4 各地域の人口と社会階層の割合（1990年，2008年，2030年）

地域 \ 年	全人口（百万人）			貧困層（％）（＜2ドル/人・日）			中間層（％）（2〜20ドル/人・日）			高所得層（％）（＞20ドル/人・日）		
	1990	2008	2030	1990	2008	2030	1990	2008	2030	1990	2008	2030
アジア開発途上国	2,692	3,383	4,211	79	43	20	21	56	59	0	1	21
ヨーロッパ開発途上国	352	356	347	12	2	1	84	87	69	4	11	30
ラテンアメリカ・カリブ諸国	352	454	634	20	10	7	71	77	56	9	13	37
中東・北アフリカ	162	212	346	18	12	16	80	86	80	2	3	3
OECD諸国	639	685	804	0	0	0	24	16	8	76	84	92
サブサハラアフリカ	274	393	738	75	66	45	24	33	50	1	1	5

出典：Asian Development Bank（2010）

表1-5 中国，インド，フィリピンにおける社会階層ごとの耐久消費財の保有率（％）

社会階層（消費額／人・日）	冷蔵庫			バイク・スクーター			自動車		
	中国	インド	フィリピン	中国	インド	フィリピン	中国	インド	フィリピン
下位貧困層（＜1.25ドル）	8.3	1.0	3.3	13.2	2.0	1.9	0.1	0.2	0.2
上位貧困層（1.25〜2ドル）	14.5	3.0	13.6	18.7	5.0	5.6	0.1	0.7	0.5
下位中間層（2〜4ドル）	37.5	10.0	41.1	24.6	13.0	13.1	0.2	1.0	2.6
中位中間層（4〜10ドル）	74.3	29.0	46.2	24.3	29.0	22.1	1.1	2.0	14.8
上位中間層（10〜20ドル）	91.3	46.0	88.9	26.5	41.0	18.8	2.5	8.0	39.9
高所得層（＞20ドル）	91.5	59.0	94.5	44.1	46.0	18.0	10.2	22.0	59.7

出典：Asian Development Bank（2010）

図1-12 バンコクの郊外にあるgated communityのゲート

て，さまざまな家電や自動車を買い，レジャー，教育，医療などのサービスを享受するライフスタイルを送っている．

中間層に自動車が普及するにつれて，変化していったのが中間層の住宅の立地である．たとえばインドネシアの首都ジャカルタにおいては，1990年代以降，中心地から郊外の主要方向に延びる高速道路沿いの，都市中心部から10～30km程度の場所に，新中間層向けの大規模ニュータウンが立地展開している（小長谷，1997）．タイの首都バンコクにおいても，郊外の幹線道路沿線もしくは幹線道路より少し入った所に，壁に囲まれ，敷地内に入るためには，監視人のいるゲートを通らなければならないgated communityがバンコク郊外および隣接県に数多く点在している（図1-12）．ベトナムのハノイやホーチミンにおいても，郊外に中間層向けのマンションやニュータウンが数多く建設されている（図1-13）．

図1-13 ベトナム，ハノイの郊外にあるニュータウン「Vincom Mega Mall Times City」．マンションの下にはショッピングモールがあり，敷地内には公園やインターナショナルスクールなどの施設が整備されている

1.3 これからのアジアの大都市の成長――持続可能な都市になるのか

最後に，人口の増加，市街地の拡大という観点より，アジアの特に開発途上国・新興国の大都市について，その成長の特性を述べる．アジア開発途上国・新興国の大都市は，雇用，環境，住宅などの都市問題やグローバル経済の影響のもとでの郊外へのスプロールなど，持続可能性という観点では多くの課題を抱えている．本節では，持続可能性という観点で，アジア開発途上国の大都市は今後どのような方向に進むかについて，人口および都市の空間構成から検討をする．

(1) 人口構成の変容

今まで，アジアの大都市は急速にその人口を拡大していった．その根本的な背景は，国全体における人口の増加であり，若年人口の多さである．しかしながら，現在，低所得国を除く開発途上国で人口増加率は低下傾向にあり，多くのアジア開発途上国・新興国がそれにあてはまる．出生率の低下は，今までは日本や韓国などの先進国だけの問題と考えられていたが，人口を維持するために必要な合計特殊出生率2.1を割る国として，マレーシア（1.97），ベトナム（1.96），中

国（1.55），タイ（1.53）などがある（国連 World Population Prospects より，2010～2015年）．日本ではすでに人口減少が始まっているが，韓国と台湾が2020年頃，シンガポール，中国，タイが2030～35年にかけて人口減少社会に突入すると言われている（大泉，2007）．加えて，マレーシア，インドネシア，フィリピンも人口増加は2050年頃までと言われている．また，高齢化率が7％を超える「高齢化社会」には，すでに中国とタイは突入している．このように，アジアでは，20世紀の人口爆発期から人口減少期へ今後移行し，かつ少子高齢社会にも突入することになる．国全体が高齢化し，人口減少したとしても，農村の若年人口が大都市に移動するため，その影響が大都市に現れるのには時間差がある．しかしながら，アジア地域の都市にとって，高齢化社会への対応というのが，今後の大きな課題であろう．

(2) **空間の変容**

　現在，アジア地域では急速に都市化が進行しており，グローバル経済の中で，その都市のかたちは大きく変容していっている．東京などの日本の大都市とアジア開発途上国・新興国の大都市の発展の違いの1つに，都市の成長と都市鉄道導入のタイミングの違いがある．マニラにおいては，1984年にライトレールが開業したが，そのほかの多くのアジア開発途上国・新興国の大都市に関しては都市内鉄道を持たずに，公共交通としてはバスやパラトランジット，そして自動車を主な交通手段として発展していった．その結果，自動車を手に入れられる都市中間層は郊外の住宅に住み，自家用車で移動するといったライフスタイルを手に入れ，自動車依存は進行することとなった．

　近年，アジア開発途上国の大都市においても都市鉄道の導入計画が多くの都市で見られる．たとえば，ベトナムのハノイでは2016年に都市鉄道が，ホーチミンでは2020年に地下鉄が開業予定である．バングラデシュの首都ダッカでは2022年に地下鉄，インドネシアのジャカルタでは，2018年に地下鉄が開通予定である．

　その先陣を切ったのがタイの首都のバンコクであり，1999年にBTSと呼ばれる高架鉄道が開通し，現在BTSが2路線，地下鉄が1路線運行しており，さらなる路線の計画が進行中である．BTSの運行が開始された当初は，乗車率はさほど高くなかったが，現在は高い乗車率を維持しており，バンコクの代表的な公共交通となった．この都市鉄道の開業後，鉄道沿線にコンドミニアムの建設ブームが訪れ，現在でも，多くの建設中のコンドミニアムが鉄道沿線に見られる．このようなコンドミニアムの大部分は，その価格帯から上位中間層または高所得層向けのものと思われる．また，BTSや地下鉄沿線に，大規模なショッピングセンターの建設も相次いでいる．このように，バンコクにおいては，都市鉄道の導

入により，特に都市中間層の住宅の形態，場所および交通手段に大きな変化が出てきている．しかしながら，著者の調査では，都市鉄道沿線のコンドミニアムの居住者の多くは，若い独身者か子どものいない夫婦であった．すなわち，都市鉄道の導入により，住宅の位置，形態，移動手段に関して，新中間層，特に若い新中間層の価値観の変化が見られた．しかしながら，今後彼らに子供ができた際，都市中心部に住み続けるか，郊外に居を構えるかはまだ分からない．

今後，自動車を保有できる経済的余裕を持った上位の中間層がアジア地域で増加していく中，都市鉄道の導入が彼らの価値観や行動をどのように変えていくのかが，アジアの大都市が持続可能な都市へ向かうのかどうかの鍵の1つになろう．

[松行 美帆子]

【参考文献】

今野裕昭（2006）「都市中間層の動向」新津晃一・吉原直樹編『グローバル化とアジア社会：ポストコロニアルの地平』東信堂．
大井慈郎（2014）「途上国都市化論における東南アジア」『社会学年報』No.43，東北社会学会．
大泉啓一郎（2007）『老いてゆくアジア：繁栄の構図が変わるとき』中公新書．
大泉啓一郎（2011）『消費するアジア：新興国市場の可能性と不安』中公新書．
小長谷一之（1997）「アジア都市経済と都市構造」『季刊経済研究』Vol.20, No.1, pp.61-89，大阪市立大学．
トダロ，マイケル P., スミス，ステファン C.（2010）『トダロとスミスの開発経済学』森杉壽芳監訳，ピアソン桐原．
新津晃一（2002）「首座都市論と過剰都市化論の妥当性をめぐって：東南アジアの大都市研究のための視座」『国際基督教大学学報．III-A，アジア文化研究』Vol.28, No.35-53．
村山顕人（2005a）「東京21のプロフィール03　鉄道主導の都市成長」『SUR』Vol.2, 東京大学国際都市再生センター．
村山顕人（2005b）「東京21のプロフィール02　人口の増加と都市の拡大」『SUR』Vol.2, 東京大学国際都市再生センター．
渡辺利夫（1996）『開発経済学：経済学と現代アジア』（第2版）日本評論社．
Asian Development Bank (2010) Key Indicator for Asia and the Pacific 2010.
Ginsburg, N., Koppel B. and McGee. T. G. (1991) The Extended Metropolis: Settlement Transition in Asia, University of Hawaii Press.
International Labor Organization (2012) Statistical Update on Employment in the Informal Economy.
McGee, T. (2009) The Spatiality of Urbanization: The Policy Challenges of Mega-Urban and Desakota Regions of Southeast Asia, Bangi, Selangor Darul Ehsan: Institute for Environment and Development, Universiti Kebangsaan Malaysia, 2009.
United Nations (2015) World Urbanization Prospects: The 2014 Revision.
Wanisubut, Suwat (1994) Bangkok Transport: A Way Forward, Wheel Extended No.87.
World Bank (2015) East Asia's Changing Urban Landscape: Measuring a Decade of Spatial Growth.

第2章
経済成長と都市整備

2.1 はじめに

(1) なぜ都市は経済成長するのか

　経済成長は，先進国・開発途上国を問わず多くの国の都市にとって重要な政策目標である．実際，一人当たり所得の成長率は，多くの政策担当者が活用する都市・地域のパフォーマンス指標である．特に，開発途上国においては，高い経済成長をいかに持続的に実現するかが，貧困などの問題を解消し，先進国並みの高い経済水準を達成するための重要な関心事項である．

　現在の先進国に位置する主要都市もその多くは，かつては貧困や低所得水準に甘んじていた．たとえば，ロンドンは，産業革命とともに急激に人口が増加したが，その多くは日銭を稼ぐ低所得階層の人々であった．彼らは都市内にスラムを形成したが，そこでの生活環境は劣悪であり，深刻な公害や貧困に苦しめられた．日本の都市も，経済成長の過程で似たような問題を経験している．しかし，これらの都市の多くでは，都市インフラの整備，産業政策等が計画的に行われた結果，次第に所得水準が向上し，いまや高い経済水準を満たす都市に成長している．ところが，一方で，経済成長が十分できずにいまだに低所得水準に甘んじていたり，成長のスピードが遅いために近隣地域との競争に遅れをとったりしている都市があるのも事実である．

　そもそもなぜ都市は経済成長するのだろうか．また急速に成長する都市とあまり成長しない都市とが存在するのはなぜなのだろうか．これらは，多くの人々にとって本質的な課題であるにもかかわらず，いまだに明快な回答が得られていない基本的な疑問である．この理由としては，都市の経済活動はあまりに複雑で，かつ地理・気候およびそれらに起因する文化などの都市固有の文脈に依存することから，単純なモデルや理論では説明が困難であることが挙げられる．

　しかし，複雑で多様だからという理由で議論をあきらめたのでは，都市の成立要因やその後の経済成長の本質がなかなか理解できない．そこで，ここでは，あえて都市の複雑な経済成長メカニズムを大胆に単純化した基礎理論の枠組みを紹介することで，経済成長を理解する糸口を提示することとする．

　なお，本節から2.4節までの議論の多くはマッカン（2001）と山田（2007）をもとにしている．

(2) 都市の成立と集積の経済

さまざまな都市の過去の経緯を見る限り，その成立要因は多様で，どうやって都市ができたのかを完全に説明することは難しい．歴史的な立場からは，多くの大都市が，海や大河川の近くの良港に位置し，交通の便の良いところに立地していたり，政治や経済の中心地であったりしていることが示されているが，実際には，それぞれの都市ごとに異なる歴史的背景や事情が影響していると考えられる．

それに対し，現代の都市の成立については，特に「集積の経済」と呼ばれる経済的利益に注目することによって，都市が生まれる原因を説明しようとする試みが行われてきている．集積の経済とは，場所に固有の規模の経済のことをさしており，多数の人や企業が特定の場所に集中することによって，種々の取引費用の低下が発生することを意味する．それは，それぞれの経済主体から見ると一種の外部効果と考えられる．集積の経済は，大きく分けると「地域特化の経済」と「都市化の経済」とに分類できる．

「地域特化の経済」とは，同種の産業に属する多数の企業が特定の場所に集中することによって生じるものである．地域的な企業が集中して立地すると，彼らは顧客企業と頻繁に情報交換することができるとともに，企業間でも製品販売や熟練労働者・原料の調達が容易になったり，生産過程の異なる段階にある企業同士の相互理解や人的交流などが活発に行われたりすることから，各企業にとって費用節約効果が生じる．

「都市化の経済」とは，異なる産業に属する多数の企業が特定の場所に集中することによって生じるものである．地域特化の経済を享受している各企業にとって共通して必要となるサービス，たとえば法律，不動産，教育，リクリエーションなどの産業の需要が高まる．また，それ以外にも企業自身が企業活動上必要となる各種サービス，たとえばマーケティング，輸送，警備なども供給が求められる．こうした異質な産業の企業が集中して立地することによって，情報の収集コストが下がったり，企業同士が補完的な機能を果たしたりすることで費用節約効果が生じる．

さらにこうした企業の集積が続くと，インフラをはじめとする公共サービスについても規模の経済が働く．すると，大規模な集積ほど効率的な公共サービスの提供が可能となり，豊かな公共サービスのもとで，さらに企業は効率的な生産活動を行えるようになる．

このように集積の経済が働くことによって，人や企業が集まると都市はできる．では，こうして都市ができた後，どのように経済成長をするのだろうか．このプロセスを探るのに，本章では，大きく2つのアプローチを提示することにする．いずれも市場における供給側に焦点をあてた新古典派の経済モデルをベー

スとするものである．まず，生産要素の地域間配分を検討することによって，短中期的な経済成長のプロセスを検討する．次に，企業の生産における技術進歩の影響を検討することによって，長期的な観点から経済成長のプロセスを説明する．

2.2 短中期的な経済成長

(1) 生産要素の空間配分

2つの地域（1と2）だけからなる仮想的な国を考えてみよう．このモデルにおける「地域」の解釈はさまざまに行うことが可能だが，1つのイメージは，片方の地域が都市部で，もう片方が非都市部という組み合わせである．あるいは，各地域にそれぞれ都市部と非都市部の両方が含まれると考えてもよい．いずれにせよ，ここでいう地域には都市も含まれると考え，より一般性が高いという意味で「地域」という用語を以下では使用することにする．

それぞれの地域にある産業は，この国の中にある生産要素を用いて生産を行う．ここで，各地域で生み出される生産物に加えて，生産要素も自由に移動できると仮定する．話を簡単にするため，国内外の輸出入や労働の移出入はないものとする．また，国内の資源は余すことなく活用され，完全雇用で失業者も存在しないものとする．すると，国内の生産要素の総量は一定なので，これらを2地域で分け合うという単純な空間配分の問題として取り扱うことができるようになる．

このとき，各地域の産業の生産活動は，以下のような単純なモデルによって調べることができる．モデル化にあたり，各地域の産業は，資本と労働を生産要素として投入し生産を行うものと仮定する．すると，生産要素の量と生産量（＝所得）との関係を表すマクロな生産関数は以下のように表される．

$$Y_i = F(K_i, L_i) \tag{2.1}$$

ここで，Y_i：地域iの生産量（＝所得），K_i：地域iの資本量，L_i：地域iの労働量である．仮に，両地域の生産関数が同一で，かつ，「規模に関する収穫一定」という性質を持つものとしてみよう．規模に関する収穫一定とは，投入する資本と労働の量をともにλ倍にすれば，生産量もλ倍になるという性質である．また，市場は完全競争的でかつ，生産関数は標準的な新古典派経済学の仮定を満たすものとする[1]．完全競争市場の仮定が成立すると，資本と労働の限界生産性は，

---

[1] 生産関数は，生産要素に関して，限界生産性は正（つまり，$\partial Y_i / \partial K_i > 0, \partial Y_i / \partial L_i > 0$）だが，逓減する（つまり，$\partial^2 Y_i / \partial K_i^2 < 0, \partial^2 Y_i / \partial L_i^2 < 0$）と仮定する．

それぞれ資本レンタル価格 r と賃金率 w に一致する．

以上の仮定の下で，2地域の産業が，それぞれ利潤を最大とするよう生産活動を行うと，資本労働比率 $k=K/L$ は地域間で同一となり，その結果，労働者一人当たり生産量 $y=Y/L$ も地域間で同一となる．また，資本レンタル価格と賃金率も地域間で一致する[2]．これは，市場メカニズムに基づいて生じる均衡状態である．

この状態は，図2-1のような図を使って説明できる．ここでは，国全体での資本と労働の量をそれぞれ $\overline{K}$, $\overline{L}$（ともに固定）としている．この図は，左下に地域1の生産要素の原点を，右上に地域2の生産要素の原点を設定し，縦軸に資本量，横軸に労働量をそれぞれとって，両生産要素の組み合わせを1枚の図に重ね合わせたものであり，エッジワースボックスと一般に呼ばれている．地域2の図は，地域1の図を点対称となるように反転させ，原点を移動させたものと考えて良い．図中の曲線は，各地域の産業の同一生産量となる生産要素の組み合わせを表している．これらの曲線は，等量線と呼ばれるもので，地域1の産業にとっては右上にいくほど，地域2の産業にとっては左下にいくほど生産量は増加する（つまり，$Q_{11}<Q_{12}<Q_{13}<\cdots$ で，$Q_{21}<Q_{22}<Q_{23}<\cdots$ である）．図2-1の中の任意の点は，2つの地域間での資本と労働の配分パターンを表して

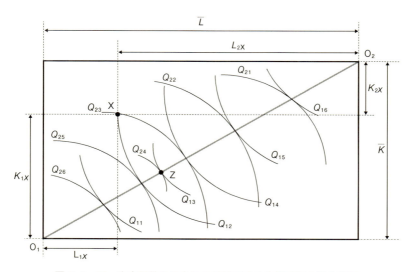

図2-1　同一生産関数の場合の2地域間での生産要素の配分状況

出典：マッカン (2001) より作成

---

[2] この導出については，山田 (2007) による付録1を参照のこと．

いるので，この図中のどの点が実現されるのかが配分上の問題となる．

このとき，市場メカニズムに基づく企業行動の結果，両地域における資本労働比率が同一になるという結果は，両地域の資本と労働の配分が，図2-1中のちょうど対角線上のいずれかの点に落ち着くことを意味している．

(2) 静的な空間配分の社会厚生上の意味と限界

以上のプロセスは，社会厚生の観点からも議論できる．

何らかの原因で，2地域の資本と労働の配分が，図2-1中の点Xの状態になったと考えてみよう．この後，これらの地域の産業にはどのような変化が生じるであろうか．地域1の産業から考えてみよう．仮に地域2の生産量が固定ならば，地域1の産業は点Xの生産量よりも多くの生産が可能な余地が残されている．すると，地域1の産業は，資本を減らす一方で労働を増やすことによって生産量を増やそうとするであろう．同様に地域2の産業についても，仮に地域1の生産量が固定ならば，地域2の産業は点Xの生産量よりも多くの生産が可能な余地がある．すると，地域2の産業は，資本を増やす一方で労働を減らすことによって生産量を増やそうとするであろう．すると，ともに何とか生産量を点Xの状態よりも多くしようと努力する結果，いずれは，ともに生産量の増加がもうこれ以上できなくなるという状態に到達する（たとえば，点Z）．これは，パレート効率的と呼ばれる均衡状態である．実は，こうした状態は多数存在する．この状態の集合は，一般に「契約曲線」と呼ばれている．

この契約曲線上では，両地域の等量線はともに接している．そのため，これらの均衡状態では等量線の接線の傾きは，両地域で同一にならなければならない．ここで，等量線の接線の傾きは，資本レンタル価格 r と賃金率 w との比率を表している．先の結果より，両地域で資本レンタル価格と賃金率は同一になっていることから，当然それらの比率も両地域で一致している．

このケースでは，契約曲線は，エッジワースボックスの対角線となっているので，市場メカニズムの結果として，社会厚生の観点から見ても効率的な配分が達成されることを意味している．また，以上のようなプロセスは，何らかの原因で契約曲線から外れた配分状態が生じた場合に，再度，契約曲線に戻るプロセスにおいて，各地域の生産量が増加する（可能性）があることを表している．その意味で，短中期的な調整プロセスの一環として，地域が経済成長することを表現していると解釈することができる．また，そのプロセスにおいて，労働量の配分が空間的に変化することを通じて，労働者の地域間での移動も説明している．

このモデルによれば，長期的には，労働者一人当たりの所得水準はいずれの地域でも同一値に収束していくことになる．これに関しては，2つのことが議論されるべきであろう．

第一に，以上のモデルは，静的な観点から議論を行っているので，いったん一定の均衡状態に落ち着くと，外的ショックが与えられない限り均衡状態から変化しない．また，このモデルでは，均衡状態で達成される一人当たり生産量（所得）水準以上の成長が生じ得ない．しかし，実際には，地域の一人当たり所得は一定ではなく，動的に変化していっている．この点はどのように考慮されるべきであろうか．

第二は，地域間での所得格差の問題である．以上のモデルを根拠として，アメリカや EU の事例から，地域間の格差が収束していくことを示す研究がある．ただし，地域間格差収束の研究に対しては，さまざまな反論が行われている．実際には，大都市を擁する地域と小都市しかない地域とでは，一人当たり所得に格差のあるケースが普通なので，こうした反論が出てくるのは，当然と言えるであろう．

2.3 長期的な経済成長

(1) 内生的経済成長のメカニズム

新中期的な地域間の生産要素配分調整メカニズムは，確かに地域の経済成長プロセスの一部を反映していると考えられるが，都市や地域の経済成長の全体像を示しているとは言い難い．では，これ以外に，どのような要因が地域の経済成長に寄与しているのであろうか．この問いに対する答えとしてしばしば注目されるのが，「技術」である．なぜならば，技術の進歩は，より効率的な生産を可能とし，地域の所得水準を向上させると考えられるからである．このことを，簡単なモデルを用いて説明してみよう．

先の，2つの地域（1と2）のケースを引き続き考えてみる．各地域の生産関数に対して，先と同様に，規模に関する収穫一定の仮定を置き，具体的に式(2.2)のようなコブ・ダグラス型と呼ばれる関数で表されるものとしてみよう．

以下では，わかりやすさのため，地域を表すサフィクスを省略している．

$$Y = \alpha K^{\beta} L^{1-\beta} \tag{2.2}$$

ここで，α（>0）と β（$0 \leq \beta \leq 1$）はパラメータである．α は，ある種の生産効率性（あるいは技術水準）を表していると解釈できる．

これまでの生産関数は，時間によらず固定という仮定が暗黙に置かれていたが，ここでは，これが時間によって変化することを考えてみよう．特に，技術水準を表すパラメータである α が，一定の成長率 θ で成長するものと仮定してみる．

すると，労働者一人当たり生産量 y の成長率について，以下のような式が得られる[3]．

$$\frac{\dot{y}}{y} = \theta + \beta \frac{\dot{k}}{k} \tag{2.3}$$

式 (2.3) は，左辺の労働者一人当たり生産量 y の成長率が，右辺第一項の技術水準の成長率 θ と，右辺第二項の資本労働比率 k の成長率に β を乗じたものとの和で表されることを意味している．

ここで，資本労働比率 k が，それぞれの地域で一定という定常的な成長状態を想定してみよう．特定の条件下では，地域間で異なる生産関数を仮定した場合であっても，短中期的に，資本レンタル価格 r と賃金率 w とが地域間で一致するという定常状態が生じうる．こうした状態では，資本労働比率 k の成長率はゼロになると考えられる．すると，式 (2.3) の右辺第二項はゼロとなるので，労働者一人当たり生産量の成長率は，技術水準の成長率と一致するという結果が得られる．

つまり，地域間に技術水準の差があれば，それに応じて地域間の経済成長率にも違いが生まれる．また，技術水準の成長率の速い地域ほど経済成長も速い一方で，技術水準の成長率が遅い地域では経済成長もまた遅れがちになる．

(2) **地域間での一人当たり所得の違い**

地域間での労働者一人当たり所得の違いについても，地域間の技術水準の違いによって説明できる．地域間で生産関数が違う場合，資本労働比率 k もまた地域間で異なる値となる．

ここで，地域の生産量 Y は，資本（資本収益）または労働（賃金支払）に配分されることから，以下の式 (2.4) が成立する．

$$Y = rK + wL \tag{2.4}$$

この両辺を L で除せば，

$$\frac{Y}{L} = r\frac{K}{L} + w \tag{2.5}$$

---

3 この導出については，付録 2 を参照のこと．

となるので，資本レンタル価格 r と賃金率 w とが地域間で一致していれば，資本労働比率 $k = K/L$ が高いほど，労働者一人当たり所得 $y = Y/L$ も高くなる．これより，資本労働比率 k の高い産業（たとえば，重化学工業）が中心となっている地域は，資本労働比率 k の低い産業（たとえば，農林水産業）が中心になっている地域よりも，労働者一人当たり所得が高くなることが示唆される．

さらに，平均的な賃金率が地域間で異なるケースも考えてみよう．仮に，労働が，熟練労働（専門家や管理職の労働）と非熟練労働（単純労働）の2種類から構成される場合を仮定する．すると，各職種では労働賃金率が地域間で一致していても，地域間で職種の構成要素が異なっていると平均賃金率が地域間で異なる可能性がある．たとえば，都市部では，賃金率の高い熟練労働者の比率が高く，非都市部では，賃金率の低い非熟練労働者の比率が高いとしてみよう．この場合には，都市部の方が平均賃金率が高くなるので，式（2.5）より，都市部の方が，労働者一人当たり所得は高くなる傾向となる．以上より，地域内で高賃金の職種の比率が高いほど，その地域の一人当たり所得も高くなることが示唆される．

2.4 技術水準と都市の果たす役割

(1) 技術水準の規定要因

ここまでの議論より，地域の労働者一人当たり所得およびその成長率は，その地域の技術水準の高低に強く影響を受けることが示された．経済成長に技術水準が重要であることは明らかとなったが，それではいったい，その技術水準はどのような要因によって決まるのだろうか．

技術水準に影響を与える要素として，いくつかの要因がこれまでに指摘されてきている．その有力な要因の1つは，技術の伝搬能力である．完全競争の仮定の下では，新たな技術が登場したときに，それらが企業間や産業間，さらに地域間で一瞬に広がるものと仮定されるが，現実にはそのようなことは起こりえない．実際には，技術の伝搬プロセスは，図2-2で示されるようなS字カーブを描くことが多いとされる．つまり，新技術が登場した直後は，その技術はあまり関係者間で広まらないが，一定程度新技術が知られるようになると爆発的に広がり，その後は次第に伝搬速度が低下するという傾向がよく見られる．また，技術の伝搬速度が速い地域（図中のA）では，短時間の内に新技術が普及し技術水準も向上するが，伝搬速度が遅い地域（図中のB）では，技術水準が向上するのに時間がかかる．たとえば，開発途上国の地域であっても，先進国などで生み出された新技術を素早く吸収するための教育・訓練施設などがあれば，その技術は速く地域に普及し，経済成長を加速される可能性がある．

技術水準の成長に影響を与えるもう1つの要因は，知識の蓄積である．当該

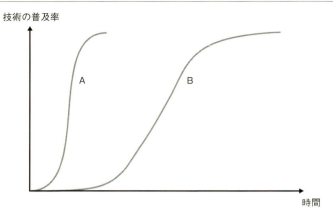

図 2-2　地域の技術伝搬速度の違い

出典：マッカン（2001）より作成

　地域において新たに生み出される技術革新（イノベーション）が速く生じるほど，知識がストックされ経済成長も速くなる．たとえば，先進国企業と開発途上国の地元企業とが協力して，開発途上国地域の固有特性に合致した新製品の共同開発を行えば，共同作業の経験を通じて地域内企業の知識が増加し，それが地域の経済成長を加速させる可能性がある．

(2) 都市の集積と技術水準

　こうした技術水準の成長は，地域内でも，特に都市部における経済活動と強くリンクしていると言えそうである．なぜならば都市の成立要因である「集積の経済」は，技術の外部効果や知識の蓄積によって生じると考えられているからである．

　一般に，集積の経済が生じる源泉は，次の3つと考えられている．第一は，情報のスピルオーバーである．企業が高密度に立地する都市部では，ビジネスマンたちは，頻繁にフェイス・ツー・フェイスの会合を行うことが容易なだけでなく，昼食を一緒にとったり，その他の社会的な活動をしたりなどインフォーマルな接触を行うことができる．こうした接触は，関係者間で暗黙知を共有化できるだけでなく，新たな技術や知識を生み出す源泉ともなり得る．

　第二は，関連サービス業の発達である．業務に関する専門的なサービスが供給されることによって，高度な業務の実施が可能となる．こうしたサービスはある種の知的インフラであって，高水準の知的インフラのもとでは，技術の伝搬が容易となり，かつイノベーションが発生しやすい．

第三に，熟練労働者・専門家の蓄積である．企業が集積することによって，そうした企業の必要とする経験度の高い労働者や，R＆Dに関わる専門家あるいは研究者が集まりやすくなる．大学や企業の研究機関などにおいて，産業のニーズを素早くくみ取り，フィードバックする仕組みが整えば，新たな技術の開発が進みやすい．また，他地域で開発された新技術などの情報収集や当該地域へのカスタマイズなどに専門家が関与する一方で，大学などの高等教育機関を通じて新たな専門家の育成を行うことによって，技術の伝搬速度の向上にも寄与する．

　以上の3種類の「集積の経済」の源泉は，いずれも都市が地域経済を成長させる重要なエンジンであることを示唆するものである．たとえば，技術革新の旺盛な地域ほど高い経済成長を達成するという結論は，「集積の経済」による便益を享受しやすい都市部が優越的な中心地域となり，周辺地域が収益性の低い辺境地域となるという実際の空間的構造とも合致する．また，都市同士であっても，集積の経済が強く働く都市ほど，技術の進歩が速くより高い経済成長を達成できることになる．

2.5　経済成長による弊害と都市インフラ整備

(1)　経済成長による負の影響

　以上の議論によれば，地域で集積がひとたび始まれば，集積の経済によってより多くの企業や人々が集まって都市が形成され，それがさらなる集積の経済を生み出して都市が成長するという，正のスパイラルが生まれる可能性がある．これは，人口1,000万人を越えるようなメガ都市を生み出すメカニズムの1つである．また，確かに，多くの国々では，大都市への経済活動の集中が続く傾向にあるといえるであろう．しかし，それが永遠に継続するとは考えにくい．経済成長が続けば，いずれは負の影響が次第に顕在化し，次第に正の影響と負の影響とがバランスするようになることが予想される．

　集積が進み経済活動が活発化すると生じる負の影響の1つは，特定の場所に過度に企業が集中する超高密度化によるものである．たとえば，高密度にオフィスなどが立地すると，そのエリア周辺の地価が急激に上昇したり，労働需要の増加により賃金が高騰したりする可能性がある．これらは，企業の生産費用を増加させる．

　また，企業の集積とともに，派生需要としての通勤交通や物資輸送の需要が急増し，それらは交通混雑を生じさせる可能性がある．交通混雑は，輸送時間の増加と時間信頼性の低下をもたらすため，在庫費用の増加など企業の生産費用を増加させる．また，交通時間の増加は，労働者の通勤時の疲労を増加させるので，労働効率性の低下にもつながる．

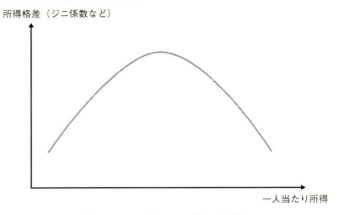

図 2-3 クズネッツの逆 U 字曲線
出典：トダロ・スミス（2010）より作成

　さらに，過度に人々が集まって生活すると，生活排水による水質汚濁，日常生活からの騒音・振動，道路交通からの大気汚染などが生じ，都市内アメニティ水準が低下する．これらは，衛生状態の悪化や心臓疾患・ぜんそくなどの健康障害を生じさせ，労働効率性を低下させる．

　これらに加えて，特に開発途上国の都市では，経済成長が進行すると，それに伴い経済格差が広がる可能性もある．たとえば，経済成長により，都市内で近代的な産業（金融・保険業など）が形成されて高所得者層が登場する一方で，非都市部からの人口流入等によってインフォーマルセクターが形成されスラムに居住する低所得者層が増加すると，両者の所得水準の差が大きくなる．クズネッツの逆 U 字曲線仮説（図 2-3）のように，経済成長による所得格差の拡大が一時的な現象にすぎないならば格差問題はいずれ解消することが予想されるが，たとえそうであったとしても，あまりに所得格差が拡大してしまうと，社会的に不安定な状況に陥り，企業にとって活動上のリスクが高まる恐れがある．

　このようにあまりに地価や賃金率が高まったり，交通サービス水準が低下したり，所得格差が拡大し社会的な安定性が損なわれたりすると，企業は都市から転出してしまう可能性がある．また，都市内アメニティ水準の低下が深刻化すると，居住環境が悪化するため，人々も都市から移動してしまい，集積が進まなくなる可能性もある．これらは，いずれも都市の経済成長の負の側面と考えられる．

(2) 都市インフラ整備の意義

　都市が持続的な経済成長を遂げるためには，集積による負の影響を軽減することが求められる．これは，経済成長と環境保全という持続可能な開発にかかわる2つの目標を同時に達成するという意味でも重要な課題と言える．

　ここで，集積によって生じる負の影響の解決に重要な役割を果たすと考えられているのは，インフラ整備である．実際，都市におけるインフラや公共サービスの不足は，多くの都市，特に経済成長の著しい新興国の大都市における主要な課題となっており，交通，情報，エネルギー，住宅，公園，上下水道などの都市インフラの整備が多くの新興国で熱心に行われてきている．たとえば，都市交通について言えば，多くの都市において，都市内交通混雑を緩和するために道路ネットワークや公共交通機関の整備が行われている．各種都市交通サービスは地域企業の生産要素の一部であると考えられるので，交通インフラ整備によるアクセシビリティの改善は，生産技術の水準向上に直結している．たとえば，都市内高速道路が整備されることによって，より速く，より安定的に生産要素を輸送できるようになると，企業の生産効率性が向上する．つまり，継続的な都市インフラ整備は，技術水準の成長率を向上させ，結果的に都市の経済成長にも貢献することとなる．

　アクセシビリティの改善は，雇用の面でも重要な意味を持っている．なぜならば，公共交通機関の整備などによって個人の移動時間が短縮されれば，一定時間内により遠い場所へ行けるようになるので，雇用の機会が増加するとともに，個々人の能力に合致したより望ましい職業が選ばれる可能性が高まるからである．これは，労働生産性の向上を通じて都市の経済成長に貢献するだけでなく，雇用の拡大を通じて貧困の解消にも寄与する．

　都市インフラ整備は，技術水準の向上以外にも，域外からの投資を増やすという副次的な効果を生む可能性もある．本章で取り上げられてきたここまでのモデルは，いずれも他国からの資本の流入を前提としていなかった．しかし，グローバル化が進む中，資本の国際流動性は高くなってきており，投資家から企業への投資は，国境をまたぐことが容易になりつつある．都市インフラ整備によって都市の利便性が向上すると，投資先としての魅力が向上するので，国外から新たな投資が行われるようになり，都市内の資本が純増する可能性がある．都市資本が継続的に増加すると，資本労働比率の成長率がプラスになるので，式 (2.3) からも明らかなように，労働者一人当たり生産量（＝所得）の成長率を加速させる．ただし，一時的な資本の増加は，短期的に一人当たり所得の成長率を向上させるものの，いずれは定常的な成長状態に収束するので，長期的に見たときには経済成長率増加の効果には寄与しないことに留意が必要である．

2.6 グローバル化とアジアの都市の経済成長

　アジアには，人口1,000万人を超えるいわゆるメガ都市，あるいはそれに準ずる巨大都市が多数あり，これらの大都市は各国の経済的な中心地となっている．アジアの大都市は，その集積の経済によって，国内のみならず国外からも多数の企業や人々を惹きつけ，さらなる経済成長を遂げようとしつつある．アジア諸国の1990年代以降の高い経済成長の要因の1つは，こうした大都市の高い集積と生産性にあったと考えられる．特にアジアは，都市人口率が相対的に低く，周辺の非都市部に多数の低賃金労働者を抱えていることから，彼らは，今後も都市部に流入してさらなる集積が生じさせることが予想される．

　ところが，開発途上国の都市では，経済成長のタイミングが都市問題増大のタイミングとうまく合致せず，一人当たり所得が十分高くならないうちに，集積による負の影響が顕在化していることが多い．ここでは，都市の所得水準が低いと，政府の収入も低くなるため，都市インフラ整備に対して公的資金を投入することが十分にできず，それがさらなる都市問題を引き起こして経済成長を妨げるという，悪循環に陥ってしまっていると考えられる．

　このように開発途上国の都市において大きな障壁となっているのは，インフラ整備のための資金調達である．一般的に，都市インフラ整備に対しては，公共事業として政府が税金を投入するか，あるいは政府が公債・国債の発行や借入により，必要な資金を市場から調達することが多い．しかし，開発途上国は，人々や企業の税負担能力が低いとともに政府のガバナンスも弱いため，政府はインフラ整備に必要な税収を確保できないことが多い．また，法制度や政治などについても不確実性が高いため，それらのリスクを反映して，政府の発行する公債・国債の利子率も高くなりがちである．そのため，開発途上国では一定程度の経済成長が見込める場合であっても，都市インフラ整備のための資金調達が困難となることが多いのである．これに対しては，政府開発援助（ODA）などを通じて，先進国政府や国際機関から低利で資金を調達することが有効な対策となるであろう．実際，日本をはじめとする先進諸国は，開発途上国都市の道路や地下鉄の建設，上下水道の整備などインフラ整備に対して，資金面での政府援助を行ってきているところである．

　ただし，現実には，ODAによる資金援助だけで，大都市のインフラ整備をすべてカバーすることは不可能である．そのため，財政基盤の弱い開発途上国では，近年，いわゆる官民連携（Public-Private Partnership：PPP）による都市インフラ整備を目指すケースが増えつつある．これは，国内外の民間企業の資金とノウハウを活用することによって，より効率的に都市インフラ整備を進めようとするものである．これは，開発途上国の民間企業だけでなく，日本のように国

内市場の拡大が見込めない先進国の企業にとっても，新たなビジネスチャンスとなりうるので，国際的にもウィン・ウィンとなりうる．そうしたこともあり，近年，日本では海外インフラ・システム展開が重要政策の1つとして取り上げられており，新興国の都市インフラ整備に対する期待は高まりつつある．

このようなグローバル化に伴う資本の国際流動性の高まりは，都市問題を抱える地域に対する投資機会を増加させるので，都市の持続的な経済成長の実現に大きく寄与することが期待される．その一方で，グローバル化の進展は，あらゆる都市において世界的な景気動向の影響を受けやすくするため，ひとたびリーマンショックなどの大きな経済・金融危機が生じると，企業がリスクに対して過度に敏感になり，都市インフラ整備に関するPPPが機能しなくなる恐れもある．これらは，グローバル化の都市の経済成長への影響には，光と影の両面があることを示唆している．

なお，開発途上国の都市では，ODAを通じてインフラ整備のための資金援助を受けるだけでなく，技術協力を受け入れているケースも多い．これには，たとえば先進国の優れた専門家の派遣による技術支援や，学校や訓練所の整備による学習の場の提供なども含まれる．また，ODAではなく国際的なNGOがこうした活動に参画するケースも増えている．これらにより，都市の人的資本の質の向上や技術伝搬能力の改善を通じた経済成長も期待される．

また，インフラ整備以外に，政府による都市産業政策や土地利用政策なども，都市の経済成長に大きな影響を及ぼすことを付け加えておくべきであろう．たとえば，金融・保険・不動産など高付加価値サービス産業の都心部への誘致，工場やオフィスを特定箇所に集めた産業クラスターの建設，海外企業を誘致するための法人税減税や自由貿易地区の導入，公共交通駅の周辺に集約的に住居や商業施設を集める土地利用誘導，学術・研究施設の集中的な整備などは，いずれも企業の生産性を向上させ，都市の経済成長を促進させようとする取組みと見なすことができる．

さらに，近年では，大都市のグローバル競争の中で，産業構造をよりクリエイティブ産業を中心としたものへ転換させることによって，いわゆる「グローバル都市」となることを目指す都市政策の議論も盛んに行われている．グローバル化の進展により，アジア開発途上国の大都市も，都市のグローバル競争に巻き込まれていくことは必至と考えられる．今後，アジアの各都市が持続可能な経済成長を実現するには，都市インフラ整備，産業政策，土地利用政策などを有機的に結合した包括的な都市マネジメントが必要と言えるであろう．

付録1:2地域間の生産要素の配分モデル(山田,2007)

生産関数に関する規模に関する収穫一定の仮定から,

$$\frac{1}{L}F(K,L) = F\left(\frac{K}{L}, 1\right) \tag{2.6}$$

が成り立つ.「資本労働比率」を $K/L = k$ とおき,労働者一人当たりの生産量を $y = (1/L)F(K,L)$ とおくと,労働者一人当たりの生産量は,資本労働比率のみの関数となるので,

$$y = \frac{1}{L}F(K,L) \equiv f(k) \tag{2.7}$$

という労働者一人当たりの生産関数を定義することができる. $Y = Lf(k)$ が成立するので,資本と労働の限界生産性はそれぞれ,

$$\frac{\partial F(K,L)}{\partial K} = f'(k) \tag{2.8}$$

$$\frac{\partial F(K,L)}{\partial L} = f(k) - kf'(k) \tag{2.9}$$

と求められる.ここで,$y = f(k)$ のグラフを描くと,資本の限界生産性は接線の傾きと等しく,労働の限界生産性は接線の縦軸の切片と等しくなる(図2-4).

完全競争の仮定から,資本の限界生産性 $\partial F/\partial K$ は資本のレンタル価格 r に等しくなるので $r = r(k) = f'(k)$ となる一方で,労働の限界生産性 $\partial F/\partial L$ は賃金率 w と等しくなるので,$w = w(k) = f(k) - kf'(k)$ となる.ここで,限界生産性が正かつ逓減の仮定から,$f'(k) > 0, f''(k) < 0$ であることに注意すると,$r'(k) < 0$ かつ $w'(k) > 0$ が成立する.

以上のモデルをもとに,2つの地域で,労働者一人当たりの生産量 y が異なる状況を初期状態として設定してみよう.仮に,$y_1 > y_2$ とする.すると,両地域で同一の生産関数なので,$k_1 > k_2$ となり,図2-4からもわかるように,$r_1 < r_2$ かつ $w_1 > w_2$ が成立する.資本と労働が自由に地域間を移動できるので,これらの生産要素は,より報酬率の高い方(つまり,より価格が高くて報酬の多くもらえる地域)へ移動すると考えられる.資本については地域1から地域2へ移動し,労働については賃金の安い地域2から賃金の高い地域1へ移動する.こ

2.6 グローバル化とアジアの都市の経済成長

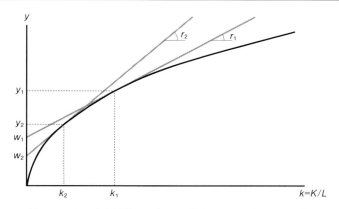

図2-4 同一生産関数の場合の2地域間での生産要素の調整

の結果，k_1 は減少する一方で，k_2 は増加し，最終的に両者が一致するところで均衡する．

付録2：労働者一人当たりの生産量の成長率の導出

技術水準のパラメータ α が，一定の成長率 θ で成長するという仮定は，

$$\dot{\alpha} = \frac{d\alpha_t}{dt} = \theta \alpha_t \tag{2.10}$$

という関係式を仮定していることを意味する．$d\alpha_t/dt$ は，離散的な表現では $\alpha_t - \alpha_{t-1}$（1期当たりの α の変化）と表せるので，$\theta = (\alpha_t - \alpha_{t-1})/\alpha_t$ となることから，θ がいわゆる成長率であることを確認できる．

式（2.10）は，単純な微分方程式なので，これを解くと，

$$\alpha_t = Ae^{\theta t} \tag{2.11}$$

となる．ただし，A は初期値に依存する固定のパラメータである．すると，生産関数は次のように書き直せることになる．

$$Y_t = Ae^{\theta t} K^{\beta} L^{1-\beta} \tag{2.12}$$

この生産関数の両辺の自然対数をとると

$$\ln Y_t = \ln A + \theta t + \beta \ln K_t + (1-\beta)\ln L_t \tag{2.13}$$

となるので,この両辺を t で微分すると以下の式が得られる.

$$\frac{\dot{Y}_t}{Y_t} = \theta + \beta \frac{\dot{K}_t}{K_t} + (1-\beta)\frac{\dot{L}_t}{L_t} \tag{2.14}$$

式(2.14)の両辺から $\dot{L}_t/L_t$ を引いて整理すると,

$$\frac{\dot{Y}_t}{Y_t} - \frac{\dot{L}_t}{L_t} = \theta + \beta\left(\frac{\dot{K}_t}{K_t} - \frac{\dot{L}_t}{L_t}\right) \tag{2.15}$$

となり,これは次の式(2.16)または式(2.5)と同値である.

$$\frac{\dot{(Y_t/L_t)}}{(Y_t/L_t)} = \theta + \beta \frac{\dot{(K_t/L_t)}}{(K_t/L_t)} \tag{2.16}$$

[加藤 浩徳]

【参考文献】

金本良嗣(1997)『都市経済学』東洋経済新報社.
クルグマン,P.,オブスフェルド,M.(1996)『国際経済:理論と政策〈1〉〈2〉』(第3版)石井菜穂子他訳,新世社.
サッセン,S.(2008)『グローバル・シティ:ニューヨーク・ロンドン・東京から世界を読む』伊豫谷登士翁監訳,筑摩書房.
トダロ,マイケル・P.,スミス,ステファン・C.(2010)『トダロとスミスの開発経済学』(原著第10版)森杉壽芳監訳,ピアソン桐原.
戸堂康之(2008)『技術伝播と経済成長:グローバル化時代の途上国経済分析』勁草書房.
中村良平・田淵隆俊(1996)『都市と地域の経済学』有斐閣.
バロー,R.J.,マーティン,X.サラ・イ(2006)『内生的経済成長論 I II』(第2版)大住圭介訳,九州大学出版会.
フロリダ,R.(2009)『クリエイティブ都市論:創造性は居心地のよい場所を求める』井口典夫訳,ダイヤモンド社.
マッカン,フィリップ(2008;原著2001)『都市・地域の経済学』黒田達郎・徳永澄憲・中村良平訳,日本評論社.
山田浩之・徳岡一幸(2007)『地域経済学入門』有斐閣コンパクト.

第3章
都市計画

3.1　グローバリゼーションの中のアジア都市

(1)　グローバル都市 vs. ローカル都市

　グローバリゼーションのもとで急速な都市化が進行するアジア都市では，外資系企業をはじめとするグローバル企業のオフィスが入居する先端的な超高層オフィスビルや高級ホテル，グローバル企業で働く人々向けの高層マンション群からなる超近代的都市空間，すなわちグローバルな都市空間の形成が進みつつある．一方で，このようなグローバル都市空間の足元では，ショップハウスと呼ばれる店舗併用住宅や低層の庶民住宅地，マーケットや近隣の人々の憩いの場となる路地からなるような，さまざまな用途からなる建物が混在し，ヒューマン・スケールで高密度な都市コミュニティからなるローカルな都市空間が広がっている．アジア都市の空間的特徴は，グローバル都市空間がローカル都市空間の中に島宇宙のように浮かぶ姿である（図3-1）．

　ロンドンやニューヨークを頂点として形成されるグローバルな階層的都市ネットワークの橋頭堡として形成されたグローバル都市空間は，都市の固有の歴史や

図3-1　ローカル都市の中に浮かぶグローバル都市（ベトナム・ホーチミン市）

文化，社会構造のもとで形成されてきたローカルな都市の文脈とは隔絶した空間である．このように，2つのまったく異なる論理をもつ都市空間，ひいては社会的に分断されつつあるアジア都市をいかにして再統合していくのかが，アジアの都市計画に課された大きな課題となっている．

(2) **フォーマル都市とインフォーマル都市**

アジア都市の都市空間形成のもう1つの特徴として，インフォーマル都市化現象ともいうべき事態の進行が指摘できる．フォーマルな都市空間とは土地法制度，都市計画・建築規制制度のもとで正規に開発された市街地のことであり，一方，インフォーマルな都市空間とは，このようなプロセスに則らずに開発された市街地（インフォーマル市街地とも呼ばれる）のことである．

インフォーマル市街地は，典型的には，きわめて不十分な居住環境のもとにあるスラムと呼ばれるような地域が該当する．また，インドネシアのように，都市近郊地域において，急速な都市化の進行のなかで，本来は農村的土地利用を想定している慣習的な土地権利のもとで都市計画の基準に基づかずに市街化が進行するケースなどもある．国連統計では，先進国を含めた世界の都市人口の約3割がインフォーマル市街地に居住し，アジアの途上国・新興国の大都市では3〜5割，アフリカの大都市では5割以上の都市人口がインフォーマル市街地に居住していると推計されている（図3-2）．

インフォーマル市街地は一般に過密居住であることや，また水道・排水・生活道路，公園や保育施設などの生活インフラが未整備であることが多いことから，

図 3-2　沿岸部に広がるインフォーマル市街地（フィリピン・マニラ）

問題市街地として捉えられることが多い．しかし，まさにインフォーマルであるがゆえに，家賃が手頃で低所得層にとって経済的に唯一の選択肢として重要な居住の場を提供している側面もある．インド最大の都市ムンバイではインフォーマル市街地に居住する人口は都市人口の約5割，フィリピンのマニラで約4割，飛躍的な経済成長の続く中国においても，多くの大都市において約3割の人々が城中村と呼ばれる居住環境の不十分なインフォーマル市街地に居住していると報告されている．

3.2 都市計画制度の受容

(1) 都市計画制度

　都市を計画するという行為は文明とともに始まったものであるが，現代的な意味での都市計画の考え方が生まれたのは，産業革命により都市の姿が大きく変貌し，都市の急激な拡大による田園地域の荒廃，無秩序な工場立地による深刻な環境汚染，スラム街の拡大等の住宅問題の深刻化等の都市問題が顕在化した19世紀末から20世紀初頭にかけての欧米都市においてである．たとえば，イギリスでは1848年に労働者階級住宅の衛生環境の改善を目的とした公衆衛生法が世界で初めて制定され，その後，同法は住居法（1851年）へと発展した（根上，2008）．アメリカにおいても1916年にニューヨーク市でゾーニング規制が導入されている．ゾーニング規制とは，互いに隣接して立地すると不都合が生じるような土地利用の混在を生じさせないように，都市内の土地を住居地区，商業地区，工業地区などにゾーン分けをして，都市開発の規制を行う制度である．このようにして始まった近代都市計画制度が，欧米各国において現在みられるような制度として概ね完成したのは，第二次世界大戦後の復興，戦後の住宅不足への対応を契機として，1950年代から1960年代初頭にかけてのことである．日本においても，欧米の都市計画制度の受容が早くから進み，1919年には欧米諸国の近代都市計画制度を取り入れて旧都市計画法が制定され，第二次世界大戦後の1968年には現行の都市計画法が制定されている．

　現代の都市計画制度は，国によって違いはあるものの，基本的に，都市マスタープラン，ゾーニング規制，詳細地区計画，開発許可制度等を骨格としている．都市計画マスタープランとは，概ね20年程度先を見据えて都市全体の土地利用の全般的ゾーニング，道路・鉄道・上下水道等のインフラストラクチャー，学校・公園・医療福祉施設等の公共施設，整備すべき市街地（商業・業務拠点や住宅団地，ニュータウン等），保全すべき農地，保全・整備すべき緑地等を示すものである．都市計画マスタープランは，続いて，あるいは併せて策定される個別のインフラストラクチャー整備計画や公共施設整備計画，土地利用規制計画の

根拠となる.

　ゾーニング規制とは，前述のようにあらかじめ都市内の地域を商業地，工業地，住宅地，緑地，農地等に区分（ゾーン）分けし，それぞれの区分内において建設することのできる建築物の用途や密度，階数，高さ，容積率（建築物の総床面積／敷地面積），空地率（敷地内に空地として残すべき割合），建物デザインや道路との関係（たとえば，建物を道路からどの程度離して建設すべきか等）等を細かく定めるものである．たとえば，日本の都市計画法では，用途地域と呼ばれる基本的なゾーニング区分として12区分が規定されており，それぞれの区分について，建物用途，容積率，建ぺい率（空地率の反対で敷地面積のうち建物によって覆われる面積の割合）等が定められているほか，さまざまな特別な目的のための地区がゾーニング規制として定められている（表3-1）．

　詳細地区計画とは，都市全体に対して個別の建築行為のコントロールを対象として定められるゾーニング規制とは別に，大規模開発が行われる特定の地区あるいは駅周辺地区のように都市開発圧力が高く，開発が連続的に起こることが想定されるような地区において，街路や歩道，公共空間，公共施設，建築計画・デザイン等の詳細について開発に先立って定められる計画である．国により制度の仕組みや名称，詳細さの程度はさまざまであるが，多くの国が地区詳細計画の制度を有している．ただし，タイの特定計画（specific plan）のように制度としては存在しているものの適用事例がほとんどないような場合もある．

表3-1　日本の主なゾーニング規制

用途地域指定	特定目的の地域地区指定	緑地や歴史的地区保全のための地区指定
第1種低層住居専用地域	特定用途制限地域	風致地区
第2種低層住居専用地域	特定街区	歴史的風土特別保存地区
第1種中高層住居専用地域	都市再生特別地区	歴史的風土保存地区
第2種中高層住居専用地域	防火地域／準防火地域	緑地保全地区
第1種住居地域	特定防災街区整備地区	緑化地域
第2種住居地域	景観地区	生産緑地地区
準住居地域	駐車場整備地区	
近隣商業地域	臨港地区	
商業地域	流通業務地区	
準工業地域	伝統的建造物群保存地区　等	
工業地域		
工業専用地域		

出典：根上（2008）表1.1（p.101）をもとに作成

開発許可制度とは，具体の開発行為に対して，都市当局が当該開発の是非を判断し，許認可を与える仕組みである．開発許可制度により，ゾーニング規制や地区詳細計画等の開発規制手段が実際に効力を発揮することになる．また，許可基準として，上下水道等の生活インフラ施設や学校，公園等の公共施設，最低道路幅員等の技術的基準を定めることにより，一定レベル以上の開発水準を保つことが目指されている．ただし，前節で述べたように，アジアの多くの国においては，法制度上の不備や検査体制の不備などの理由から開発許可の手続きを経ないままにインフォーマルに開発が進行してしまうような場合も多くみられる．

(2) **都市計画制度の受容と類型**

インドのニューデリーやシンガポールに代表されるように，多くのアジア諸国は植民地統治のもとで本国の都市計画基準に則って新都市建設や都市改造が進められた．また都市中心部や植民者居住地区に対しては，本国の都市計画制度に準じた建築規制条例が定められて計画的な都市整備が進められた．一方で，もともとの住民の居住地区や中国・インド等からの移民地区等では，植民国家本国の建築基準条例は適用されずに路地や低層木造住宅等からなる密集市街地が形成され，現代まで続く二重構造的な都市形成が進むこととなった（城所，1998）．

アジア各国が，現行の都市計画法制度の体系を整備するようになったのは，概ね1970年代のことである．背景として，当時，アジア各国の大都市では次第に都市拡大が進展しつつあり，無秩序な都市化のもとでの都市問題が課題となりつつあったことや，日本を含めて先進国による国際協力のもとで道路，鉄道等の都市の骨格的なインフラ整備が進められつつあり，そのための都市マスタープラン策定の仕組みが必要となっていたことが挙げられる．これらの都市計画法制度は，インドやマレーシアでは英国，インドネシアではオランダ，フィリピンではアメリカといったように旧植民地本国の都市計画法制度をもとに制定された場合が多い．ただし，中国，ベトナムなどの社会主義国では，ソ連の技術顧問団の協力のもとでソ連型の都市計画制度が導入された．また，植民地とならなかったタイでは，アメリカの技術顧問団の協力のもとでアメリカの都市計画制度を参考として制度設計がなされた．

表3-2は，アジア各国の都市計画制度を，大きく分けて，チェックリスト型かマスタープラン型か，分権型か集権型かの2つの軸で分類して示したものである．ここで，マスタープラン型とは，都市当局によって定められた都市マスタープランと都市マスタープランに基づいて特定地区に対して定められた詳細地区計画等に基づいて，個別の開発の是非を個別に審査するシステムである．個別審査にあたっては，たとえば，建築物の用途や建築デザイン等，都市マスタープランや詳細地区計画の内容をどのように解釈するかによって許認可の有無が比較

表3-2 アジア各国の都市計画制度の類型化

	チェックリスト型		マスタープラン型
	用途純化型	用途混合型	
分権型	インド (アメリカ；ただし，マスタープラン型との併用，用途混合型との併用等，多様化が進む)	タイ フィリピン	インドネシア マレーシア (欧州諸国)
集権型		日本	中国 ベトナム 韓国

的大きく左右されることになるため，都市当局の都市計画官僚による専門家としての裁量が比較的大きく認められているシステムである．したがって，計画的に都市開発を進めていくという点では良いシステムであるが，ダイナミックに変化しつつあるアジア都市では，過去に策定された事前確定的マスタープランを適用することで，都市当局が時代の要請にあわない計画を開発者や住民に押し付けることにもなりかねない．また，個々の開発を時間をかけて審査することは，しばしば開発のコストを大きく押し上げる要因となり，民間の投資意欲を削いだり，低中所得層に手の届く住宅開発を抑制することにつながるという批判もある．

一方，チェックリスト型とは，許可される建築物の最低限の基準を，建物の用途内容，最大容積率，最大建ぺい率，最大建物密度などの明確な数値基準により，ゾーニング規制として地区ごとに事前に定めておき，許認可に際しての裁量性を極力少なくするシステムである．チェックリスト型については，住宅，商業，業務などの用途の混合を容認するタイプと用途を地区ごとに純化していくことを進めるタイプの違いがあり，形成される都市形態も異なる．

チェックリスト型は，開発者側から見ると事前確定性が高く，開発計画を立てやすいシステムであり，民間の投資意欲を促進しやすいという利点がある．しかし，最低限のチェック項目を超えたデザインの良し悪しや隣接地域との連続性など，チェック項目に含まれていない項目については制御しにくいために，たとえば，低層住宅地の中に巨大なビルが建設されるなど，地域の文脈とは無関係な開発が進んでしまうという問題が生じやすいという課題がある．

表3-3は，チェックリスト型のタイ，フィリピンとマスタープラン型のインドネシアの各国について，土地取得，敷地の分割，開発許可，建築許可といった都市開発に関わる一連の手続きを図示したものである．マスタープラン型のインドネシアの都市開発手続きに比較して，チェックリスト型のタイ，フィリピンの制度が簡素なものであることがわかるであろう．

3.2 都市計画制度の受容

表3-3 東南アジア諸国の都市開発手続き

項目	タイ	フィリピン	インドネシア		
農地転用許可		農地転換許可（国・農地改革局）	地区の関連官吏の認知		
土地利用整合性	総合計画に基づくチェック（自治体）	ゾーニング条例によるチェック（自治体）	都市計画マスタープランに基づく位置認可（裁量的判断）（自治体）		
基盤整備要件	敷地分割条例によるチェックおよび土地権利登録（自治体）	敷地分割規則によるチェック（国・住宅土地利用規制委員会）	・サイトプラン予備検討 ・建築デザイン予備検討（自治体）	地区詳細計画に基づくサイトプランの承認（裁量的判断）（自治体）	
敷地要件					
土地権利分割許可		国・土地管理委員会による土地権利の登録	敷地ごとの土地権利の登録（土地庁）	地区全体の権利の付与・登録（土地庁）	土地権利の国への返還（土地庁）

　チェックリスト型のうち用途混合型は，開発者からみると自由度が高く，都市のダイナミックな変化に柔軟に対応しやすいという利点があるが，個別開発ごとに隣接地区の状況とはまったく異なる開発が可能となり，都市当局が計画的な都市開発を進めていくのは難しい．逆に，用途純化型は，事前に定められた硬直的な土地利用計画に縛られるために，マスタープラン型と同様にダイナミックな変化には対応が難しく，農村から貧困層が急激に都市に流入する場合，運河沿いなどの未利用の公有地などで，インフォーマルな居住地が拡大する1つの要因ともなってきた．

　また，分権型とは，都市計画の基本的な権限を自治体や州が有している国のシステムであり，集権型とは中央政府の権限が強い国のシステムである．都市計画制度が生まれた欧米諸国では都市計画は基本的に自治体の権限であるが，上からの近代化が図られた日本の場合，2000年の地方分権化一括法の制定後に次第に分権化が図られてきているものの，全国一律のゾーニング規制制度が適用されるなど，国の権限が強く，集権的な構造となっている．

　集権的な都市計画制度の場合，全国一律の規制が課されることになるために都市固有の歴史的・文化的・社会的条件に合わせた都市計画を行うことが難しいという課題がある．アジア諸国のなかで日本と同様に集権的な制度となっているのは，日本による植民地統治時代に導入された都市計画制度を受け継いで現行制度が制定された韓国や社会主義的制度のもとにある中国・ベトナム等である．他の国は，欧米諸国の制度をもとに制度設計がなされているために，基本的に自治体

が権限を有する分権的なシステムとなっている国が多い．

3.3　都市計画制度の特徴と課題

(1)　用途純化チェックリスト型制度

　ここでは，インドの事例を取り上げて，その特徴と課題について見てみよう．インドでは，基本的な体系については国の都市計画制度で定められているものの，憲法上，都市計画の権限は州にあり，州によって個別の都市計画法が定められており，その具体的な内容が異なる．以下，インド最大の都市であるマハラシュトラ州ムンバイ市の事例について見てみよう．まず，都市圏レベルの計画として，ムンバイ大都市圏（ムンバイ市と周辺自治体を含む圏域）を対象としてムンバイ大都市圏地域計画が州組織であるムンバイ都市圏庁により策定される（図3-3）．同計画により，都市圏レベルのゾーニング規制が行われ，ムンバイ大都市圏全体（面積 4,329 km^2）を，開発地域と保護エリアに区分し，開発を促進する地域と緑地・農地などの開発を厳しく規制する地域に分けている．

　開発地域については，各自治体が開発規制の根拠となるゾーニング規制を定める．ムンバイ市のゾーニング規制の最大の特徴は，市中心部の最も容積率の高いところで 133％，郊外部 100％，周辺地域 50％ときわめて厳しい容積率規制を掛けていることである．たとえば，東京で最も容積率が高く指定されている東京駅周辺地区では容積率が 1,300％，JR 山手線沿線内側の地区では住宅地でも 200～300％に指定されているのと比較するとムンバイの開発規制がいかに厳しいかがわかるであろう．

　新規の大規模開発はムンバイ大都市圏庁が大規模ニュータウン開発を行うことで都市化需要に対応することとされ，1976 年に制定された市街地土地所有制限法（マハラシュトラ州では 2007 年廃止）のもとで，個人の土地（空地）所有上限（ムンバイでは 500 m^2）を超える土地を国が強制的に買収する制度が設けられてきた．しかし，現実には，訴訟が頻発した結果，多くの土地が凍結状態となり，たとえば，ムンバイ大都市圏では，4,386 ha の土地が取得される予定であったのが，実際に取得され，供給された土地は 2～3 ha のみであった．この結果，実質的に新規の宅地供給が大きく制限されてしまう事態を招いてしまった．ほかにも，既成市街地内に広大な面積を占める多くの繊維工場跡地の再開発が，市当局により長らく凍結されるなど，硬直的な都市計画の適用が，時代の要請に応えた都市開発の促進を妨げてきたのである．

　この間，急速な都市化が進行し，ムンバイ市の人口は，1971 年の 597 万人から，2011 年には 1,248 万人へと 2 倍強，ムンバイ大都市圏では，同期間に 766 万人から 2,225 万人と 3 倍弱と増大し，世界でも最も急速に人口が増大してい

3.3 都市計画制度の特徴と課題　45

図 3-3　ムンバイ大都市圏地域計画（2006～2011年）
出典：ムンバイ都市圏庁

る大都市圏の1つとなった．フォーマルな土地・住宅供給が政策的に制限されている中での急激な人口増の結果，居住の制限された緑地地域，沿岸地域，湿地帯あるいは，道路沿い地区などへ，開発許可を得ないままに人々が住みつくことになり，インフォーマル市街地が急速に拡大してしまっている（図3-4）．

都市化と社会の変容が急速に進むアジアの途上国・新興国では，都市計画もまた時代の要請に合わせて柔軟に対応していくことが求められる．この点で，硬直的な用途純化型ゾーニング規制は，ムンバイの事例に見られるように大きな課題を抱えており，社会状況に即応して市民参加のもとで柔軟に長期計画を改正した

図 3-4　開発が規制されている緑地地域に広がるインフォーマル市街地（インド・ムンバイ）

り，開発許可の柔軟な運用を図るなどの新たな方向性を模索することが求められている．

(2) 用途混合チェックリスト型制度

　次に，用途混合チェックリスト型のタイの都市計画制度の特徴について見ていこう．タイの都市計画制度では，各自治体あるいは内務省公共事業・都市農村計画局が，ゾーニング規制を定めることができる．都市計画の専門官僚のいない地方部においては内務省公共事業・都市農村計画局がゾーニング規制を定めている場合が多いが，バンコク都においては，バンコク都庁がゾーニング規制を独自に定めており，分権型である．

　同計画では，バンコク都を商業地区，高密度住宅地区，中密度住宅地区，低密度住宅地区，工業地区，倉庫地区，農業保全地区，農業地区，歴史文化保全地区，政府・公共施設地区の 10 の用途地区に区分けし，それぞれについて，立地可能な用途，容積率，建ぺい率の規制（低層住宅地区・農業保全地区・農業地区・歴史文化地区については，加えて前面道路からの後退距離（セットバック）制限，最低敷地規模制限，最高高さ制限が規定されている）を定め，この制限をクリアすれば都市計画としては基本的に開発が認められるというたいへんシンプルな制度である．

　容積率についても，都市中心部では最大 1,000％ が認められ，都心から 8 km 離れた周辺地区でも一様に容積率 700〜800％ が認められるなど，開発促進型の規制となっている．この距離は，東京で言えば概ね山手線沿線に当たる距離で

あるが，東京の場合，新宿や渋谷などの拠点駅周辺地区では 700 〜 1,000％の高い容積率が認められているが，それ以外の地域では 200 〜 300％程度の容積率の地域が大半である．容積率が高めに設定されていると言われることの多い東京と比較してもバンコクがいかに開発促進型の規制となっているかがわかるであろう．加えて，農業保全地区や農業地区も含めて，各用途地区について一定割合までは当該地区の用途規制に合致しない用途（たとえば農業地区における住宅開発等）についても開発を認めるという柔軟な制度となっている．また手続き的にみても，表 3-3 に示すように都市開発制度手続きは簡素化されており，都市開発促進型の制度となっている．

用途混合型のゾーニング型制度は，民間による都市開発を促進し，急激な都市化に見合う住宅，オフィス，商業床等の供給を迅速に進めるという点で利点がある．実際に，バンコクでは，都市開発手続きの簡素化が進められた 1990 年代以降，低中所得層にとっても比較的手の届く住宅供給が進み，新たなインフォーマル市街地の発生は抑制されてきた．一方で，計画的な都市化の制御は難しいという課題も同時に抱えており，幹線道路沿いにスプロール型都市化が進行し，地下鉄・郊外鉄道の導入が遅れたこともあいまって，世界でも有数の交通混雑問題を抱えるにいたっている．

(3) マスタープラン型制度

マスタープラン型制度の場合，都市圏レベルの計画，都市レベルの計画，地区レベルの計画といったように空間的に多層的な計画体系を有する場合が多い．ここでは，社会主義国家体制のもとで典型的なマスタープラン型の都市計画制度を適用している中国を例として，その制度体系の特徴と課題について見ていこう．

中国では，都市部の土地は国有，農村部の土地は農民の集団所有と規定され，都市部においては市政府，農村部においては県政府（中国の地方制度では日本と逆で，県は市の下位の地方政府となることに注意）の基本的な管理のもとにある．都市開発プロセスの概略は以下のとおりである（図 3-5）．

まず，市域全体を対象とする土地利用計画のもとで建設用地が指定され，建設用地として指定された土地に対して都市基本計画（マスタープラン）が策定される．都市基本計画により道路・鉄道・上下水道・電力等のインフラや公共施設の計画ならびに土地利用計画として地区ごとのおおまかな用途，容積率等が決定される．実際の都市開発にあたっては，都市基本計画をベースとして，個別開発地区ごとの詳細計画が市当局により立案され，そのもとで開発が行われることになる．詳細計画には，コントロール型詳細計画と事業型詳細計画がある．まずコントロール型詳細計画で開発予定地区の用途，容積率，建ぺい率，高さ，色彩，前面道路からの後退（セットバック），出入口，公共施設等の詳細な基準が規定さ

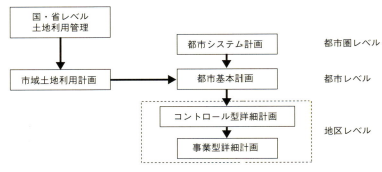

図 3-5 中国の都市計画制度体系

れ,そのもとで事業型詳細計画すなわち基本設計が都市当局により策定される.また,実際の都市開発にあたっては,都市部であれば国有地であるため,デベロッパーは入札などの方法により,地方政府から土地利用権を取得する必要があるし,農地であれば,地方政府が一旦,農地を徴収・国有化したのちに土地利用権をデベロッパーに譲渡することになる.このように,中国では都市開発は全面的に地方政府の管理下にあり,都市化を先導するインフラ整備やニュータウンを急ピッチで進めることが可能であり,急速な経済成長を支える推進力となってきたのである.

また,地方政府にとっては,土地利用権の譲渡は重要な財政収入で,土地や不動産業に関連する税も含めると,土地に関わる財政収入は地方財政収入のおよそ5割を占める(任,2012).したがって,地方政府は土地と都市開発に関わる権限を最大限に利用して過剰ともいえる都市開発を図っている.この結果,多くの都市で実際には居住されていない高層マンションが投機の対象として林立する風景が見られ,持続可能な都市開発という観点からみて大きな問題が生じている.

一方,農村部の宅地については,農民が宅地として利用する権利を有しており,自己居住用の住宅建設が認められている.都市周辺農村では不動産開発のために地方政府により農地を徴収されると,補償金は支払われるものの農民は生活の糧を失うことになる.生活の糧として自己住宅を建て替えて賃貸住宅として利用するために,自己住宅としては低層住宅しか認められないにも関わらず,違法に賃貸用中高層住宅を建設することが黙認されてきた.この結果,生活インフラが不十分な過密住宅地区が形成されてきたのである.

このような地区は,都市(中国語で「城」)の中の村という意味で城中村と呼ばれ,再開発するにも量が多すぎて財政的に地方政府にとって負担が大きすぎるために社会問題化している.中国では,戸籍管理が出生地をベースとしてなされ

図 3-6　城中村地区の活気溢れるストリート（中国・深圳，撮影：孫立）

ており，農村からの流入者に対しては，都市政府の提供する社会住宅（低所得者用の低価格住宅）への入居資格が与えられないために，農村からの流入人口はもっぱら城中村に居住することになる．この結果，沿岸部の大都市では住民の3分の1程度が城中村に居住していると推定されている．

　違法に建築された過密不良住宅地区として，都市当局の都市計画ではスラム・クリアランス（地区全体を一旦すべて更地にして再整備すること）型の全面的再開発の対象とされていることの多い城中村地区であるが，一方で，高層住宅の林立するニュータウン地区とは異なる人間的で住みやすいまちが形成されている場合も少なくない（図3-6）．また，すでに都市人口の3割以上を占める低所得層の居住地区となっており，全面再開発は経済的にみて負担が大きく，現実的な解とは言えない．また社会的観点からも，居住者のコミュニティの破壊につながるという問題もはらんでおり，一概に全面的再開発の対象とするのではなく，ヒューマン・スケールのまち並みを生かした漸進的改善を図っていくことが今後の課題となっていると言えよう．

3.4　都市計画の課題と展望

(1)　都市計画からまちづくりへ

　前節までに見てきたように，多くのアジア都市では，時代の要請に合わない硬直的なマスタープラン，地域の文脈とは乖離した巨大開発，脆弱な地域に立地するインフォーマルな開発等，都市計画が十分に機能しているとはいえない状況が

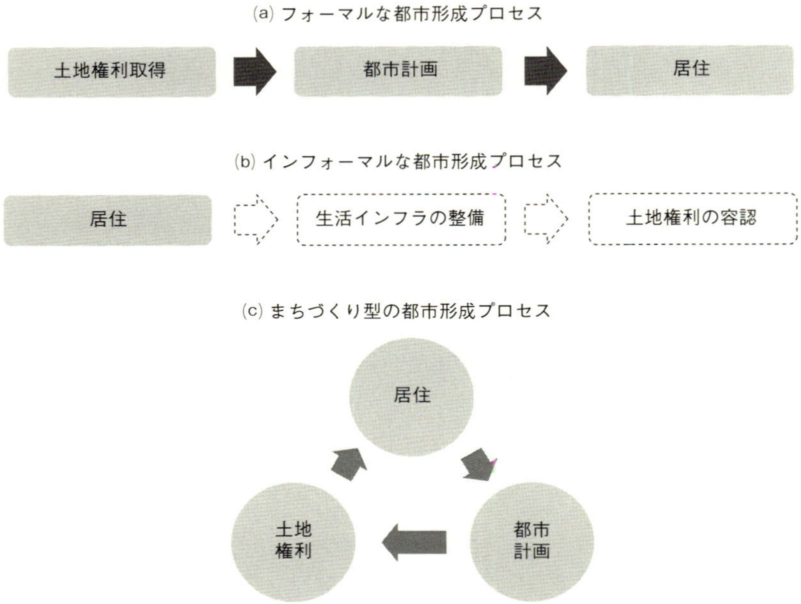

(a) フォーマルな都市形成プロセス

土地権利取得 → 都市計画 → 居住

(b) インフォーマルな都市形成プロセス

居住 ⇢ 生活インフラの整備 ⇢ 土地権利の容認

(c) まちづくり型の都市形成プロセス

居住 → 都市計画 → 土地権利 → 居住（循環）

図 3-7　都市形成プロセスの 3 つタイプ

みられる．持続可能な都市形成を実現するために，今後，都市計画はどのような方向へ向かうべきであろうか．

　図 3-7 に，都市形成プロセスの 3 つのタイプを示す．フォーマルな都市形成プロセスとは，正規な土地権利のもとで，都市計画制度に基づいたインフラ整備と都市開発諸手続きを経て居住にいたる，法制度によって規定されたプロセスである．しかし，前節で詳述したように，多くのアジア都市ではこのような法制度に則った都市形成プロセスのみでは，人々，とりわけ低所得層の人々の居住や活動の場を提供するには十分ではなく，インフォーマルな都市形成プロセス，すなわち，都市計画によるインフラの整備や都市開発規制，土地権利取得という公的な手続きを経ずに黙認のうちに居住が開始され，のちに，住民の協働のもとで生活インフラが整備されたり，場合によっては居住地の土地権利の容認にいたるケースもあるというインフォーマルな市街化による都市形成プロセスが並存している．

　また，インフォーマル市街地は，住民が手づくりで作り上げてきたからこそ培われてきた親密なコミュニティや歩いて暮らせるヒューマン・スケールのまち並みなど，住民参加のもとで少しずつ改善していくことで，むしろ，ともすれば味

気のない，非人間的な空間がつくられることも多いニュータウンに比べて，はるかに住みやすいまちをつくり上げていくことのできる可能性をもっているという側面も重要である（城所他編，2015）．

すなわち，計画的なインフラ整備というフォーマルな都市形成プロセスの利点と住民の協働によるまちづくりというインフォーマルな都市形成プロセスの利点の両者の利点を生かした第三の都市形成プロセス，すなわち，居住・都市計画・土地権利という3つの要素がともに進化していく，すなわち共進化するまちづくり型の都市形成プロセスの登場が要請されている（図3-7(c)）．

(2) まちづくりの胎動と今後の展望

このようなまちづくり型都市形成プロセスの胎動は，すでに各地で始まっている．たとえば，インドネシアでは，過去20年以上にわたって，カンポン改善事業（KIP）と呼ばれるインフォーマル市街地における住民協働による住環境改善事業が進められてきた．フィリピンのコミュニティ抵当事業（CMP）やタイのバーン・マンコン事業のように，NGO等の独立的な専門組織の仲介・コンサル

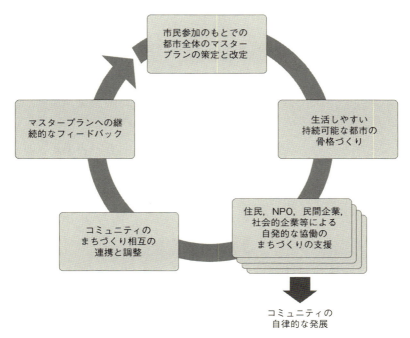

図3-8　まちづくり型の都市形成プロセスのための仕組み

ティングのもとで,スラムのコミュニティ・グループが協働して土地権利を取得して居住地区を改善あるいは新たな居住地をつくりあげる事業に対して,政府機関が無担保で長期住宅金融を提供する事業も成果を上げている.

マスタープラン型の都市計画にしろ,チェックリスト型の都市計画にしろ,いわば「つくっておわり」という一方通行のプロセスである.まちづくり型の都市形成プロセスの目指すところは,上記のような各地のまちづくりの胎動をベースとしながら,都市計画制度そのものを,行政と市民・民間が協働して,まちを計画し,少しずつ,つくりあげ,さらにそのような継続的まちづくり活動を都市全体のマスタープランへ継続的にフィードバックしていくという循環的なプロセスへと大きく転換していくことである.具体的には,図3-8に示すように,市民参加のもとで策定される都市全体のマスタープランと,住民・NPO・民間企業・社会的企業等が協働で行うまちづくり活動が相互に連携するような都市計画の仕組みを構築していくことが望まれる. 　　　　　　　　　　　　　　　　　　　　[城所 哲夫]

【参考文献】
大西隆他編(2004)『都市を構想する』(都市工学講座)鹿島出版会.
城所哲夫(1998)「アジア型成長管理モデル構築への展望」武内和彦・林良嗣編『地球環境と巨大都市』岩波講座 地球環境学〈8〉,岩波書店.
城所哲夫・志摩憲寿・柏崎梢編(2015)『アジア・アフリカの都市コミュニティ:「手づくりのまち」の形成論理とエンパワメントの実践』学芸出版.
任哲(2012)『中国の土地政治:中央の政策と地方政府』勁草書房.
根上彰生(2008)「都市計画制度の体系とマスタープラン」饗庭伸他編『初めて学ぶ都市計画』市ヶ谷出版社.
水島司編(2008)『グローバル・ヒストリーの挑戦』山川出版社.

第4章
都市のガバナンスと制度

4.1 はじめに

　過去30年の間に社会科学の分野で頻繁に使われるようになった用語がある．それが，本章の主題である「ガバナンス」である[1]．都市について語るのに，なぜ「ガバナンス」という用語を使用するのか．なぜ「都市行政」や「都市の自治」ではないのか．この疑問に応えること自体が本章のテーマであり，「ガバナンス」について考えることになる．

　そこで4.2節では，まずこの「ガバナンス」とはいったい何なのかについて考えてみたい．「ガバナンス」はここ30年に急速に使われるようになった概念だけに，内容が非常に多義的である．論者によって強調点も異なり，論争的ですらある．その定義すら，いまだに定まっていないといっても過言ではない．ここではこうした概念をめぐる論争に深く立ち入らず，なぜそのような概念が使われるようになったのかその背景を探りながら，「ガバナンス」を考える際のポイントについて考察する．本章では議論を単純化させるため，主として「公的ガバナンス」に関する知見を参照する．

　続いて，「ガバナンス」と「制度」をどのように関連づけるのかについて触れる．「制度」が何を指すのかについてもさまざまな議論があるうえ，「ガバナンス」と「制度」との関係もたいへん論争的なテーマである．本章では「制度」を狭い意味での公式の法制度と理解し，ガバナンスと関連づけて議論が可能であるという前提から出発する．都市のガバナンスとの関係で言えば，都市のガバメント（政府），すなわち自治体について考えることになる．民主主義諸国においては都市には民主的に選ばれた首長が代表する自治体が置かれている．そこでここでは，都市自治体の制度とガバナンスの関係について考える．

　そして4.4節では，東南アジアの主要国であるタイ，インドネシア，フィリピンの3カ国を取り上げ，それら3カ国における都市ガバナンスの態様を，制度と関連付けながら論じたい．これら3カ国はここ20〜30年の間にアジア諸国の中で中進国に成長し，同時に民主化や地方分権も進められた．これらの国々で

---

[1] ただし，「ガバナンス」という言葉自体はすでに14世紀の中世英語の中で使われていた（堀，2002：85）．

地方自治や地方分権などの「制度」がどのように構築され，それらの国や都市が抱える課題に対してどう立ち向かおうとしているのかを，「都市のガバナンス」という視角から具体例も交えて論じたい．

4.2 「ガバメント」から「ガバナンス」へ

　冒頭でも述べたように，「ガバナンス」はここ30年の間に急速に使われるようになった言葉である．政治学・行政学では公的ガバナンスや公共ガバナンス，地方自治ガバナンス，経営学ではコーポレート・ガバナンス，国際関係論ではグローバル・ガバナンスなどと，広範に用いられている．政治学・行政学では国家（の統治）が問題とされ，経営学では企業の意思決定のあり方や会計基準の公正さなどが問題とされ，さらに国際関係論では環境問題や兵器の拡散，移民・難民問題など国境なき地球政治の諸課題が問題とされている．広く使われる分，その中身もきわめて多様である．

　日本では，「統治」「共治」「協治」などと訳されたこともあったが，結局どの訳も定着せず，カタカナ読みで「ガバナンス」と呼ばれている．中国では「治理」と訳されているが，フランスでは日本同様，そのままフランス語読みしている．政治学者の曽根泰教が指摘するように，統治とガバナンスという言葉には開きがある（曽根, 2011：19）．つまり, 一言で言い表すのがたいへん難しい概念である．しかし，これでは説明にはならないので，さしあたりガバナンスを次のように定義しておこう．「ガバナンスは，ガバメント（政府）という公共セクターが行うガバニングだけではなく，企業やNPOなど民間セクターが，かじ取りについてだろうが，こぎ手としてだろうが，政策過程（政策形成，政策遂行）に関わってくる場合の，プロセスにおけるさまざまな態様やその枠組みを指す概念」である（山本, 2008：3）．

　今から30年ほど前から「ガバナンス」という用語が各分野でほぼ同時期に使われ始めたのは決して偶然ではない．ガバナンスはガバメント（政府）に類する言葉だが，政府の統治能力（ガバナビリティ）に対する信頼感の低下とともに生まれた．先進民主主義国では，1970年代後半から1980年代にかけて「福祉国家」の危機が叫ばれた．それまで「揺り籠から墓場まで」国民の面倒を見ていた政府に対する不信感が増大した．福祉国家化に伴う財政赤字の増大やオイルショックによる経済危機の増大と相まって，先進民主主義国では投票率の低下，有権者の政治不信，市民の抵抗運動が活発化した．こうした中で，国家や政府による一方的支配に対する別の選択肢として，ガバナンス概念が登場したのである（岩崎, 2012：3-6）．

　広く知られているように1980年代にはアメリカのロナルド・レーガン大統領，

4.2 「ガバメント」から「ガバナンス」へ

イギリスのマーガレット・サッチャー首相，さらには日本の中曽根康弘首相が新自由主義イデオロギーに基づき，「小さな政府」を実現するため民営化を進めた．新自由主義は「政府の失敗」を前提に，公的サービス配分を市場原理に委ねる点に意味があった．「ガバナンス」も「政府の失敗」という点では新自由主義と共通の問題関心をもつ．ただし「ガバナンス」は新自由主義が考えるような市場万能主義に立つわけではない．この点で，ガバナンスは単純な市場原理主義とも異なる．

開発分野でもガバナンス概念が急速に使われるようになった．それが最初に用いられたのは1989年に出版されたアフリカ開発に関する世界銀行の報告書以降である（稲田，2006：4）．その理由は，アフリカ諸国に対する経済援助が一向に効果が上がらないのは「政府の能力」がないからであり，開発がうまくいくためにはガバナンスが重要であるという潮流が生まれた点に求められる（稲田，2006：8）．開発分野でのガバナンスも世界銀行，国際通貨基金，国連開発計画などの国際機関によって微妙な違いがあるが，共通する要素として行政機関の効果・効率，透明性と説明責任，政権や政策の手続き的な正統性，法の支配，関係者や社会構成員の意思決定や執行への参加などが挙げられる（稲田，2006：7）．その背景には，冷戦終結後，ソ連・東欧，アフリカ，中南米において民主化が進んだことと，先進諸国における「援助疲れ」がある．実際，アジア・アフリカ諸国では，情実人事，政治腐敗，汚職などが日常茶飯事であり，債務国の財政収支の健全化，課税の公平と収税の確保，公企業の収益増加，不良債権処理を進めるためには，その前提として民主化や行政機能の高度化が求められたのである（中邨，2003：16-17）．

1997年から98年にかけてタイの金融不安に発する通貨経済危機が東・東南アジア諸国を襲ったことによって，個々の企業のコーポレート・ガバナンス，国家レベルでのガバナンスが大きな問題となった．アジア通貨・経済危機の原因についてはさまざまな議論があるが，特に国際通貨基金や世界銀行などの国際協力機関は，金融政策が政治家の取り巻き（クローニー）によって決められた結果，透明性（transparency）や説明責任（accountability）を欠いた点に通貨・経済危機の原因が求められた（平川，2002：367-381）．言い換えれば，国際援助機関が推奨するガバナンス論は，新古典派的な意味での自由主義的経済政策を実施しうる能力と制度の有無について議論する傾向がある（稲田，2006：6）．

さらにヨーロッパにおいては，欧州統合や地方分権が同時に進んだことで，「国家の空洞化」と呼ばれる現象が生じた．イギリスにおいては，民営化が進められたり，公的介入の範囲と形態が限定されたり，エージェンシーという第三者機関に執行が移管されたり，EU機関に移管されたりしている（山本隆，2008：3）．こうしてヨーロッパにおいては，超国家（EU），国家，サブナショナル（ド

イツやベルギーの州，イギリスのリージョン）からなる各層に権限が分散される「マルチ（多層型）ガバナンス」ができ上がっている（山本隆，2008：4）．

　以上のようにガバナンスはさまざまなユニット・レベルで使用される概念であり，一筋縄にはいかない．「○○ガバナンス」ではなく「ガバナンス」の概念が何かを探求するのが本筋であろう（cf. 河野勝，2006：7-8）．しかし，ガバメントに対する不信感から出発した点ではいずれも共通性がある．その意味でガバナンスは，ガバメントの対抗概念の側面をもっていることは明らかである．「ガバメントからガバナンスへ」というフレーズにはそのような意味合いが込められている．

　政治学者の岩崎正洋は，国家ガバナンスについて論じた論考の中で，ガバメントとガバナンスの違いを3点に整理している．第一に，統治に関与するアクターではガバメントは政府，議会，裁判所などの公式的な統治機構の中に含まれるアクターであるのに対して，ガバナンスでは公式的なアクター以外の非公式的なアクターの存在を前提にしている（政党，官僚，地方自治体，NGO，NPO，民間企業など）．第二に，ハイアラーキーとアナーキーという軸で見たとき，ガバメント論が秩序を強く志向するのに対し，ガバナンス論はアナーキーと秩序の間に大きな広がりがある．そして第三に，ガバメント論は「公」的領域における「公」的な問題のみを取り扱うのに対して，ガバナンス論では「私」的な領域に存在するNGOやNPOといったアクターが「公的」な問題に関与し，政策立案から実施に至るまでの広い政策決定過程においてさまざまなアクターが関与することを前提にしている（岩崎，2012：5-9）[2]．

　しかし，岩崎も指摘しているように，公的ガバナンスにおいてはガバメントとガバナンスは完全に対立する概念ではない．ローカルガバナンスについて数多くの著作のある社会学者の山本啓も，「ガバメントからガバナンスへ」という表現が誤解を招き，「ガバナンスという概念はガバニングのプロセスがガバメントの果たす役割を抱擁した集合をなしている」と指摘している（山本啓，2011：62）．

　では，ガバナンス論とは結局，アクターの多様性とプロセスの重要性だけを意味するのであろうか？　次節では「ガバナンス」を「制度」と対比させながら，ガバナンスの特徴について考えてみたい．

2　ただし，NGOやNPOを私的領域に分類することに筆者は賛成しない．営利追求を行う民間企業と違い，NGOやNPOは非営利的団体であることが少なくないからである．

4.3 ガバナンスと「制度」

(1) 第2世代のガバナンス論と「制度」

　前節で触れたように，ガバナンスという概念はガバメントの機能不全を背景に登場し，約30年前から社会科学分野全体で使われるようになった概念である．その間も，ガバナンス概念をめぐる議論はさまざまに展開した．

　政治学者の小暮健太郎は，この間のガバナンス論の変容を「第2世代のガバナンス論」という形で論じている．小暮によれば，第1世代のガバナンス論と第2世代のガバナンスの違いは，ガバナンスそのものの定義ではなく，ガバナンスをめぐる新しい研究課題だという（小暮，2011：166）．第2世代が言うところの第1世代（ドイツのマックス・プランク研究所のマインツ，オランダのコーイマン，イギリスのローズなど）の特徴は，①ガバナンスにおける多様なアクターの存在と，②アクター間の水平的なネットワークを重視する立場に求められる．これに対して，オランダの研究者トルフィングが主張する第2世代のガバナンス論の特徴は，①ガバナンスに参加するアクターが自律的かつ水平的相互依存関係を維持し，②各アクターは交渉を通じて相互作用を行い，③ガバナンスにおけるアクターはある種の制度的な枠組みにおいて相互に作用し，④ガバナンスは国家によるハイアラーキーな構造に組み込まれるのでも，市場のメカニズムに従属するものでもなく，⑤ガバナンスは私的利益を目的とせず，公共的利益実現を目的とすると，5点にまとめている．

　トルフィングはさらに，第2世代のガバナンス論の研究対象として，以下の4つを挙げている．第一は，ガバナンスの形成と発展に関してで，ガバナンスを1つの制度として捉えようとする研究動向が見られる．アクター間で繰り返される交渉は一種の「制度」として発展し，また制度を維持するためのルールや規制がアクター間で形成されていく傾向にある．第二に，ガバナンスの成功とともに「失敗」についても分析対象を重視する傾向がある．さらに第三に，「メタ・ガバナンス」，つまり自己統制的なガバナンスをいかにコントロールするのかという点（いわゆる「ガバナンスのガバナンス」）を研究対象にする傾向がある．そして第四に，現代のガバナンスをめぐる議論が，民主主義的な正統性やアカウンタビリティを中心に展開されているという点である（小暮，2011：166-168）．

　繰り返しになるが，ガバナンス論が登場した背景には，1970年代の「政府の失敗」という現象があった．それを受けて1980年代には，民営化や企業経営の手法を公的部門に導入したNew Public Management（NPM）手法が導入されたが，市場が常に万能であるわけではない．実際，市場に完全に委ねると便益だけを享受して応分の負担を回避する問題が発生するという，いわゆる「集合行為」問題が発生する（オルソン，1983）．「ガバナンス」が脚光を浴びたのも，

こうした「政府の失敗」や「市場の失敗」が背景にあるが，「ガバナンス」も必ずしも万能薬というわけではなく，「ガバナンスの失敗」も射程に入れているのは第2世代の特徴といえるであろう．

とはいえ，政治学者の新川達郎が主張するように，政府でもなく市場でもない問題解決方法が，統治のプロセスにあるとすれば，公的ガバナンスはそれを考慮する有力な枠組みを提供しているといえるだろう．このことは，統治の構造やプロセス自体が変化していることを意味している（新川，2011：38-39）．またその変化は，単にステークホルダーが多様化したことやプロセスが重要になったという現象だけにとどまらない．「統治が機能する過程の特徴として，統治目的，統治手段，統治対象，統治領域，そして統治能力を，従来の政府中心型のものとは大きく組み替えている」のである（新川，2011：49）．統治の目的という点では，もはや政府が単独で達成できない目標が多い．統治手段という点でも，民営化や民間委託という手法にとどまらず，民間営利部門や市民社会との協調や調整が重要になる．統治対象や統治領域もグローバル化の進展を受けて対象領域が拡大している．求められる政府の統治能力も，課題や問題の質に応じて，政府の高い政策能力よりもガバナンスを支援する調整能力やそのための協調的なリーダーシップが重要になることもある．

問題はガバナンスと「制度」の関係をどう考えるかである．「ガバナンス」と「制度」の違いについて検討した政治学者の河野勝は，「制度」がステークホルダーを限定的に考えるのに対して，「ガバナンス」は外部のステークホルダーを射程に入れた概念であると指摘している（河野，2006：17-18）．この点では，「制度」と「ガバナンス」は相反する要素を含んでいるといえる．他方で，第2世代のガバナンス論者が指摘するように，ガバナンス論が重視するネットワークやプロセスは，「制度化」の契機を含んでいるといえる．「制度」はステークホルダーを限定し，決定プロセスを固定化する志向をもつが，「ガバナンス」はステークホルダーを特定せず，公的な「制度」から外されていたステークホルダーの政策決定や実施も認めるものである．しかし，当初「制度化」されていなかったガバナンス・プロセスも，政策決定をできるだけ円滑かつ効率的に行うにあたって，常に「制度化」の力学が働く．その意味では，「ガバナンス」と「制度」は対立するものではなく連続したものといえる．

(2) **都市のガバナンスと制度**

では，本章で取り上げる東南アジア3カ国における都市ガバナンスと制度について検討するとき，何が重要になるであろうか．

第一に，都市には多様なステークホルダーが存在しているという事実である．その多様性は，都市化によってだけでなく，グローバル化やリージョナル化に

よってますますその度合いを増している．住民票を移していない地方住民，日中は都市部で勤務する近郊都市住民，スラム住民だけでなく，多国籍企業で働く外国人，数多くの観光客，近隣諸国からやってくる非合法労働者など，都市には多数のステークホルダーがいる．たとえば，タイの首都バンコクの公式居住人口（つまり住民登録票上の居住者人口）は約 600 万人と言われるが，実際には 1,000 万人近い住民がいると言われる．タイ全土にはミャンマー，カンボジア，ラオスなど近隣諸国から 200 万人を超える非合法労働者が滞在しており，彼らの存在がなければタイの農業，漁業，工業は成り立たないとさえ言われる．日本の都市部でも日雇い労働者や被差別民は社会的に排除され，都市ガバナンスの正統なステークホルダーとして必ずしも見なされてこなかったが，同じことが東南アジア都市部についても妥当する．

　第二に，東南アジア諸国の都市は自治体であり，間接民主主義が導入されている．都市住民が選挙を通して首長と地方議会議員を選ぶ二元代表制が採用されている．しかも，過去 30 年間の地方分権の進展により，民主主義制度の中身も大きく進展した．首長や議員の解職請求（リコール）制度，条例制定請求（イニシアティブ）制度，開発計画策定段階における住民ヒアリング制度なども整備され，間接民主主義を補完する直接民主主義制度も先進国並みに整備されつつある．都市のガバナンスを考える場合，こうした公式の「制度」を理解しておく必要は重要であろう．ただし，こうした制度ができたからといって，内実が伴っているかどうかは別途考察が必要である．制度が整備されても，実際にはそれが使われていなかったり，住民ヒアリングも単に「ガス抜き」のためにしか使われていないようなケースもあるからである．

　さらに第三に，都市におけるガバナンスを考える際には，地方自治という行政的側面を検討するだけでは不十分である．営利団体，NPO（非営利団体），NGO（非政府組織），コミュニティ団体，住民団体など，さまざまなステークホルダーとの協働が重要である．都市におけるガバナンスを考える際には，地方自治制度の成り立ちとともに，ガバナンスサイドの特徴を掴んでおくことも重要であろう．ただし，NPO や NGO という看板を掲げていても，実際には非営利や公益を目的としたものではなく，特定の政治家の集票マシーンに化していたり，行政の主導で作られた官製団体に過ぎないケースもある点は注意が必要である．

　この点を考えるうえで西山八重子の議論は参考になる．西山はコミュニティを再生させるための「資源」共同化の仕組みという観点から，都市ガバナンスを 3 つに分類している．ここで資源とは，①都市や建物などの「物的資源」と，②ボランタリー組織の社会的自立を可能にするさまざまな支援集団などの「社会関係資源」からなる．すなわち，第一は「公益志向開放型ガバナンス」（公益・開放型），第二は「共益志向開放型ガバナンス」（共益・開放型），そして第三は「共

益志向閉鎖型ガバナンス」(共益閉鎖型)である．

　ボランタリー組織は本来，公益的な目的を掲げているはずだが，事業利益の配分がコミュニティ内にとどめられる場合もあるため，そのような傾向をもつガバナンスを共益志向としている．これに対し，コミュニティの枠を超える広がりをもち，一般的で異質な人々へのサービス提供を目的にしている場合，公益志向としている．また，ボランティア組織が中間支援組織を介して他の組織と幅広い連携を見せ，政治的発言を強めるアドボカシー機能を発揮しているか否かで，開放的な組織ほど対等な関係でコミュニティ・ガバナンスを形成することができるという．

　第一の「公益志向開放型ガバナンス」では，ボランタリー組織が物的資源を取得し，補助金，寄付金など複数の収入で運営される事業収益をコミュニティに還元するだけでなく，より広範囲の人々にサービスを提供する公益性の高い目的に還元する仕組みをもっている場合だという．具体例として，不動産の賃貸によって得られる収益を低所得層のための住宅建設や公園整備，社会サービス提供に回す事業を運営しているロンドン・コイン・ストリートのまちづくり事業体がある．

　第二の「共益志向開放型ガバナンス」では，活動を通して得られる利益が活動メンバーのコミュニティに還元される点では共益志向だが，活動が市場メカニズムに基づく政策で中間支援組織などの支援がネットワーク化されている点で開放的である．州法に依拠して課税権限を付与され，それを活動資金に不動産価値を引き上げる方向で公園という公共空間を管理・運営しているニューヨークのブライアント公園がその例として挙げられる．

　第三の「共益志向閉鎖型ガバナンス」は，ボランタリー組織によるコミュニティ再生活動がコミュニティ内で完結しがちで，コミュニティを越えた組織化や全国的な連携につながらず，個別事例が一般化しないようなガバナンスを指す．西山はアジアの事例をこの第3タイプに位置づけているが，国家が市民セクターと市場に対してどのような位置を占めるかでガバナンスが異なる様相を帯びるため，この点を考慮した類型化が必要かもしれないと指摘している（西山，2011：14-17）．

　西山の議論は，都市における分断されたコミュニティに焦点をあわせた議論であり，都市のガバナンス一般を問題にしたものではない．また，公益と共益，開放性と閉鎖性をどこで区切るのか，さらにこれら2つのベクトルが互いに独立しているのか精査が必要であろう．とはいえ，アジアにおける都市ガバナンスの特徴を理解するうえで参考になるように思われる．というのも，本章で扱う東南アジア3カ国の都市ガバナンスが欧米諸国のそれとどのような点で異なるのか，またこれら3カ国の間でもなぜ違いがあるのかを考える視角を提供してくれるからである．

筆者は東南アジア3カ国における地方自治について検討した別の論文の中で，ガバナンスを「NGO，NPO，民間企業，国際機関などが，中央・地方政府に資源を提供し，公共サービスや開発政策の決定・配布・実施のいずれかの段階に加わって実施される公共サービスの手法」と要約したことがある（船津他，2012：13-14）．そこでは，上記で論じてきたように，ガバメントとガバナンスは対照的な概念ではなく，相互補完的な関係になることや，「プラス・サム」の関係になることもあると指摘した．そこで次節では，東南アジア3カ国における都市自治制度を概観したうえ，都市ガバナンスについて特徴と態様について具体例も交えながら紹介したい．

4.4　東南アジア3カ国の都市自治制度とガバナンス

　インドネシア，フィリピン，タイの3カ国は，一人当たりGDPが3,000〜5,000ドルの間にある東南アジアの中進国である．これら3カ国は一時期，軍事独裁体制や権威主義体制をとった時期もあるが，1980年代後半から2000年代初めにかけて民主化と地方分権化を経験した（ただし，タイでは2006年9月と2014年5月に軍事クーデターが発生し，現在も事実上軍事政権下にある）．3カ国はオランダの植民地，スペインとアメリカ合衆国の植民地，そして独立国とそれぞれ歴史的背景が異なるうえ，人口や国土の広さも大きく異なる．とはいえ，これら3カ国は中央集権的な単一国家体制を維持してきた．

　地方自治制度を考えるうえで重要な点は，自治体と中央政府との関係と自治体と住民との関係の2つである．前者は，中央政府からどの程度自立して地方自治体が運営されているのかという問題で，いわゆる中央地方関係の問題である．この問題はさらに，自治体が自らの意思に基づいて決定を行えるのかという権限上の問題と，決定した政策を実施できるだけの財政的裏付けがあるのかという財政上の問題に分けられる．他方，後者は自治体運営において住民参加がどの程度確保できているのかという問題であり，地方自治制度やガバナンスと密接に関係している．

　一口に都市といっても，ジャカルタ，マニラ，バンコクのような大都市もあれば，地方の中核都市や田舎の都市など態様はさまざまある．都市をどう定義づけるかも国によってさまざまであり，同じ国でも政治的・歴史的経緯によって「都市」の定義が異なることもあり注意が必要である．自治体に許されている権限も国によって違いがあるだけでなく，都市の自治体と農村の自治体で大きく異なることもあればあまり変わらない場合もある．しかもそうした権限自体が地方分権によって中央政府から移譲されたり，されていても国から厳しい監督を受けているケースもあれば，自由度の高いケースもある．都市の自治や都市のガバナ

ンスを考察する場合，こうした法制度の成り立ちをまず押えていくことが重要である．

(1) **東南アジア3カ国の地方自治制度**

地方自治制度を理解する上で重要なことは，地方自治体が国家制度全体の中でどう位置づけられているかである．自治体の行政能力は，権限と政策実施を裏付ける財政力次第だが，それは自治体の規模と自治体間の機能分業によって大きく規定される．また，大都市には大都市特有の問題があるため，特別な自治制度を置いていることが少なくない．

表4-1に示されているように，東南アジア3カ国の地方自治体制度は多様である．インドネシアでは自治体は広域自治体である州と基礎自治体である県・市の2層に分かれており，その合計数は500カ所程度にすぎない．フィリピンでは，州，県・市，そしてバランガイという3層からなり，中間に位置する県・市の設置数は1,600カ所強だが，バランガイ設置数は4万カ所以上に上る．そしてタイでは県自治体という広域自治体とテーサバーン（市・町）とタムボン自治体という基礎自治体の2層からなるが，基礎自治体の設置数が7,600カ所以上にのぼる．つまり，インドネシアでは自治体の平均規模が全体的に大きいのに対して，フィリピンやタイでは総じて平均規模が小さい．しかも，フィリピンで住民に最も近い草の根組織であるバランガイの設置数が圧倒的に多いのに対して，タイでは都市・農村を問わず小規模な基礎自治体が全国に散らばっている．自治体の層と設置数から見えてくるのは，フィリピンでは草の根レベルでの住民参加を確保するのが比較的容易であるのに対して，インドネシアでは困難であるという点である．

以下，各国ごとに特徴も含めて地方自治制度を概観してみよう．

インドネシアでは1998年のスハルト政権崩壊後，1999年に法律第22号（地方行政法）が採択された結果，世界銀行が「ビッグ・バン型」と呼ぶ急激な地方分権が行われた．その結果，地方自治体に大幅な権限移譲がなされ，200万人もの国家公務員が自治体職員となった．しかも，国家安全保障，金融政策，司法権など主要な国家機能以外は基本的にすべて自治体に権限が移譲された．このように中央・地方関係という点では地方分権的になったといえるが，住民自治という点では多くの課題を抱えている．インドネシアでは市・町の下に郡や村が設置されているが，それらは自治体と見なされていない．郡には郡長がいるが市長や県知事によって任命される官僚である．村には住民によって選ばれる村長がいるが，村は自治体ではないので法人格を持たず，予算を執行する権限がない（ただし，場所によっては，村に徴税権や予算執行権を与えているところもあり，その実態も多様である）．インドネシアでは長年にわたって村の自治体化が大きな焦

表 4-1　東南アジアの自治体制度比較

		インドネシア	フィリピン	タイ[*4]
人口		約2億2,800万人〔2008年推計〕	8,857万4,614人〔2007年8月1日推計〕	6,572万人〔2007年6月末推計〕
自治体のレベル数		2層制	3層制	2層制
自治体の層と数	1層目	州（33カ所）〔2008年末時点〕	州（80カ所）高度都市化市／独立構成市[*1]	県自治体（75カ所）
	2層目	県（375カ所）市（90カ所）	構成市（137カ所）町（1,497カ所）[*2]	テーサバーン（1,020カ所）タムボン自治体（6,616カ所）
	3層目	―	バランガイ（4万2,023カ所）	―
その他		ジャカルタ特別州（1層制）	ムスリム・ミンダナオ自治区[*3]	特別自治体（バンコク都［1層制[*5]］，パッタヤー市）

注：*1　大統領府声明1489号（2008年4月16日付け）で公式の人口統計と位置づけられた国家統計局の2007年人口センサスによる．
　　*2　市・町ともにフィリピンの内務自治省発表（2008年12月31日付け）による．
　　*3　州，構成市・町，バランガイにより構成される．
　　*4　タイの人口，自治体数ともに2007年の値．
　　*5　バンコク都の区議会議員は，住民の直接選挙で選ばれる

出典：船津・永井（2012：265）を参考に筆者作成

点となっている．

　フィリピンも1986年のエドサ革命でマルコス権威主義体制が崩壊し，翌年，民主的な内容をもつフィリピン憲法が採択された．1987年フィリピン憲法は民主化とともに大幅な地方分権を謳っていた．1991年地方政府法は中央政府の介入をできるだけ排して自治体の自律性を強化するとともに，住民参加の制度化に努めた．たとえば，各自治体に設置される開発協議会に一定数のNGOやNPOの参加を義務づけたことや，草の根民主主義を強化するため，地方自治体の重要な財源である内国歳入割り当て（Internal Revenue Allotment：IRA）の一定割合をバランガイにも確保した点である．フィリピン中央政府は地方に出先機関をもち，自治体に対して一般監督権をもつが，必ずしも強い監督を自治体に及ぼしているわけではない．すなわちフィリピンの特徴は，中央・地方関係の観点では分権的であり，草の根民主主義が重視されているといえるが，保健セクターが自治体に移譲された一方で教育（小中高等学校）が移譲されなかったなど，分野によって分権の度合いに濃淡がある点は注意を要する．

　タイでは1997年に制定された憲法が国家の基本政策の1つとして地方分権を

掲げ，1999年には地方分権推進法が制定されて，2000年から自治体に対する権限移譲と財政分権が進められた．タイの場合注意すべきなのは，中央政府とその出先機関が占めるプレゼンスが依然として大きい点である．タイの自治体は法的に許された分野でのみ政策策定と実施が許されている（いわゆる制限列挙方式）．社会サービスの基本とも言える義務教育（小中学校教育）や保健所・病院も，地方分権にかかわらず依然として大部分が中央政府の管轄下にある．建物許可や都市計画策定などの権限は，自治体に完全に移譲されておらず，移譲されたのはインフラ整備や生業振興関係の権限に偏っている．加えて，自治体が策定した年次予算や条例も，内務省が任命する県知事や郡長の承認が必要で，自治体のさまざまな活動を日常的に監督している．このように，中央地方関係の観点では，タイの自治体に対する締め付けは厳しいと言わざるをえない．

　タイの地方自治を考えるうえでもう1つ重要なのは，多くの自治体とは別に下位行政区画が併存して設置されている点である．郡の下位にはタムボン（行政区）が置かれており，さらにその下位には村が置かれている．タムボンは全国に約7,000カ所，村は約7万5,000カ所設置されているが，上述のテーサバーンやタムボン自治体と領域的に重なりあいながら併存している．その長は住民によって定期的に選挙で選ばれているが，彼らの主な役割は中央政府からの命令の伝達，出生・死亡証明書発行などの登録業務，準司法的業務などである．タイの都市でもタムボンや村が併存していることが多いため，自治体の首長にとって彼らとの協力関係の維持は政策実施上重要なテーマである．

　表4-1からも明らかなように，東南アジア3カ国では共通して都市部と農村部で異なる種類の自治体を設置している．フィリピンとインドネシアでは市と県，構成市と町で権限などにさほど大きな違いにないが，タイでは都市の自治体（テーサバーン）と農村部の自治体（タムボン自治体）で権限や代表原理に大きな違いがある[3]．また，インドネシアとタイでは首都に特別自治体を置いており，それぞれ広域自治体と基礎自治体の両方の特徴を備えている[4]．

---

[3] テーサバーンは住民登録業務や基礎的公衆衛生，小中学教育なども担当するが，タムボン自治体はそうではない．また，テーサバーンでは規模に応じて議会議員定数が定められているが，タムボン自治体では自治体内にある村1箇所につき2名の議員を選ぶことになっている．近年タイではタムボン自治体からテーサバーンへの格上げ事例が増えているため，名称がテーサバーンであっても実態は農村であるところが少なくない．

[4] バンコク都はさらに，県や郡の特徴も兼ね備えており，公立小中学校や保健所はすべて都立であり，都市計画の権限も強い．フィリピンの首都マニラにはマニラ首都圏開発公社（Metro Manila Development Agency：MMDA）という首都圏に位置する基礎自治体の調整機関が置かれているが，MMDAは自治体ではないため独自の権限をもっておらず，開発計画に関する調整機関に過ぎない．

(2) 都市ガバナンスの事例

では、東南アジアではどのような都市ガバナンスの課題があるのだろうか。具体例をいくつか挙げながら考えてみよう。

周知のように、インドネシアの現大統領であるジョコ・ウィドドは、ジャカルタ特別州知事を務める前、中部ジャワ州のソロ市で市長を務めていた(2015年時点)。彼は市長時代にさまざまの課題に取り組んだが、そのうちの1つが情報公開である[5]。インドネシアでは地方分権の結果、自治体首長があたかも「小さな国王」のように振る舞うようになり、汚職事件が絶えない。汚職事件が絶えない理由の1つが、情報公開が進んでいないため予算や決算に関するチェックが甘いのである。2008年に国の情報公開法が出たことを契機に、ソロ市でも情報公開に向けて各局で担当者を決めて、住民に情報公開することで文書整理と管理に着手した。その目的は行政の透明性を向上されることや、証明書発行に要する手数料や日数を明らかにしたうえで効率性と住民満足度を高めるためである。

ソロ市における情報公開の動きは、パティロというNGO組織の存在を抜きに語れない[6]。パティロは情報公開を求める全国的な組織で、2008年に国が情報公開法を制定するまで活発に活動を続けていた。パティロはソロ市にも支部があり、2005年頃から情報公開を求める活動を展開した。とりわけ重点を置いたのが地方予算の開示で、市に協力して2005年度予算をポスターにして配布するようになった。その後、予算をインターネットに開示するときも、パティロは協力をしているという。ソロ市は住民に対して予算についての説明会を行うようになったが、そのときもパティロは住民に対して、予算案をどのように見るのかについて協力をしていた(図4-1)。

フィリピンは東南アジア3カ国の中でもNPOやNGOの活動がもっとも活発であるといってよいが、ここでは自治体が民間営利団体を含むさまざまなステークホルダーと連携している事例を紹介しよう。佐久間美穂は、都市化と産業

図4-1 パティロがソロ市とともに作成し住民に配布した財政支出表が掲載された2010年カレンダー(撮影:永井史男、2010年7月21日)

---

5 2010年7月21日、ソロ市情報コミュニケーション局での筆者の面談。
6 2010年7月21日、パティロ・ソロ支部にて筆者の面談。

図4-2 ローイエット市で開催された防災自治体間協力年次総会. 前列の感謝状を持つのは, 総会に招かれた病院, 大学, 慈善団体の代表者で, 後列が自治体の首長と助役たちである
(撮影:永井史男, 2014年11月18日)

化の進むセブ市における埋立地の再利用に関する興味深い事例を報告している (佐久間, 2012:187-194). 佐久間によれば, 地方分権以降, 市長が移譲された行政権限, 人事権, 財源 (海外からの資本投資を含む) を最大限に利用しつつ, 埋立地開発の途上で生じるさまざまの課題についても民間と協働しながら, 新たな雇用創出と税収確保に挑もうとしているという. ここで民間との協働とは, マーケティングにあたってセブ投資促進センターを活用したり, 開発事業で影響を受けた地域住民への生計向上事業で地元の大学から支援を取り付けたり, さらに埋立地利用で民間企業と合弁事業を立ち上げた例が挙げられる. 企業家精神をもつ市長が積極的に民間セクターに働きかけている様子が浮かび上がるであろう.

最後にタイの事例は, 地方都市における防災協力の事例である. 東北タイのローイエット市は, 周辺のタムボン自治体4カ所と合意書 (MOU) を2007年に締結し, 防災や救急搬送の協力を行っている (永井, 2015). 周辺のタムボン自治体には財政的余裕がなく, かつては火災が起きるたびに警察に連絡をし, 警察からローイエット市に救援を求める連絡がくるという迂回路をたどった. しかし, 市は域外では行政サービスを付与できないため, そのたびに県知事に許可を求めていた. すなわち緊急の事態が発生しているにもかかわらず手続きに時間がかかりすぎたため, 近隣自治体との共同事業を始めることを思いついたという. MOU締結により, 自治体間で器材を融通でき, 普段からも共同訓練を通じて意

思疎通ができ，火災発生について機動性が増したなど，さまざまのメリットが認められた．しかも興味深いことに，防災協力スキームのもとで消防員や防災ボランティアの訓練，事業所のオーナーや住民への啓発活動なども共同で行い，定期的に住民満足度調査まで行っていた．病院や救急搬送を担当する慈善団体との提携関係にも積極的であった．年に一度開催される総会には，顧問として内務省から派遣されている県高官を招く他，市民社会代表，防災ボランティア，さらには病院，慈善団体，大学関係者も招き感謝状まで贈っていた．ローイエット市の事例は自治体間協力としてもたいへん興味深いが，数多くのステークホルダーとの協力という点でも都市ガバナンスの事例としてたいへん興味深いといえるだろう（図4-2）．

4.5 おわりに

東南アジア都市部における地方自治ガバナンスはまだ始まったばかりである．本章では欧米でここ30年間に発達した「ガバナンス」概念を紹介し，ついで東南アジアの都市自治体においてどのような現象として展開しているのか，具体例も交えながら検討した．本章で取り上げた都市の事例は，いずれも地方の中級都市でバンコクやジャカルタ，マニラなどの大都市の事例ではないが，いずれも先進的な都市自治体として知られているところである．

都市のガバナンスが制度と密接に関係していることは，3カ国の事例を通して理解することができるであろう．フィリピンやインドネシアでは地方分権が大きな契機となっており，選挙によって選ばれる首長が住民の要望に対して応えている様子が浮かび上がる．タイでは小規模自治体が広域的課題に対処するために自治体間協力という手法を使いつつ，住民との協働を通じて防災対策を進めている．

とはいえ，前節で紹介した西山の類型がよく示しているように，東南アジア諸国では依然として自治体という公的セクターの果たす役割が大きい．ガバナンスに関わるステークホルダーの数もまだ限られている．タイにおける住民防災組織も，もともとは中央政府によって一律に設置を決められたもので，官製組織の色合いが強い．フィリピンの事例は政治家と民間セクターの協力の良い事例だが，他方で政治家はしばしば地元の企業家出身であることが少なくなく，汚職がしばしば問題視されている．タイにおいても自治体関係者の「汚職」は深刻な問題であり，インドネシアの事例がよく示しているように，自治体の情報公開（特に契約や支出に関して）が重要な課題である．地方自治体に対する中央政府の監視の目が届かなくなる分，住民による監視の目が今後ますます重要になるであろう．その意味でも，ガバナンスは自治体との協働の側面もあれば，対立的な側面もも

つと言えるだろう． [永井 史男]

【参考文献】
稲田十一（2006）「「ガバナンス」論をめぐる国際的潮流」下村恭民編『アジアのガバナンス』有斐閣，pp.3-35.
岩崎正洋（2011）「ガバナンス研究の現在」岩崎正洋編『ガバナンス論の現在』勁草書房，pp.3-15.
岩崎正洋（2012）「なぜガバナンス論について論じるのか：政治学の立場から」秋山和宏・岩崎正洋編『国家をめぐるガバナンス論の現在』勁草書房，pp.3-18.
河野勝（2006）「ガヴァナンス概念再考」河野勝編『制度からガヴァナンスへ：社会科学における知の交錯』東京大学出版会，pp.1-19.
小暮健太郎（2011）「第2世代のガバナンス論と民主主義」岩崎正洋編『ガバナンス論の現在』勁草書房，pp.165-186.
佐久間美穂「フィリピンの地方政府：地方分権化と開発」船津鶴代・永井史男編『変わりゆく東南アジアの地方自治』（アジ研選書28）日本貿易振興機構アジア経済研究所，pp.165-198.
新川達郎（2011）「公的ガバナンス論の展開と課題」岩崎正洋編『ガバナンス論の現在』勁草書房，pp.35-54.
曽根泰教「ガバナンス論：新展開の方向性」岩崎正洋編『ガバナンス論の現在』勁草書房，pp.19-33.
中邨章（2003）『自治体主権のシナリオ：ガバナンス・NPM・市民』（改訂版），芦書房．
西山八重子（2011）「分断社会と都市ガバナンスの諸類型」西山八重子編『分断社会と都市ガバナンス』日本経済評論社，pp.3-21.
永井史男（2015）「東南アジアにおける自治体間協力の現状と課題：タイ，インドネシア，フィリピンの比較」『アジア諸国における地方分権と地方自治〈第一分冊〉』（基盤研究（A）研究成果報告書「アジア諸国における地方分権改革の成果と地方自治の基盤に関する研究」研究代表者：井川博政策研究大学院大学教授），pp.145-181.
平川均（2002）「アジア通貨危機」池浦雪浦他編『「開発」の時代と「模索」の時代』（岩波講座　東南アジア史9）岩波書店，pp.363-391.
船津鶴代・永井史男編（2012）『変わりゆく東南アジアの地方自治』（アジ研選書28）日本貿易振興機構アジア経済研究所．
船津鶴代・永井史男・秋月謙吾（2012）「変わりゆく東南アジアの地方自治」船津鶴代・永井史男編『変わりゆく東南アジアの地方自治』（アジ研選書28）日本貿易振興機構アジア経済研究所，pp.3-25.
堀雅春（2002）「ガバナンス論争の新展開：学説・概念・類型・論点」中谷義和・安本典夫編『グローバル化と現代国家：国家・社会・人権論の課題』御茶の水書房，pp.85-114.
オルソン，マンサー（1983）『集合行為論：公共財と集団理論』依田博・森脇俊雅訳，ミネルヴァ書房．
山本隆（2008）「ガバナンスの理論と実際」山本隆・難波利光・森裕亮編『ローカルガバナンスと現代行財政』ミネルヴァ書房，pp.1-10.
山本啓（2008）「ローカル・ガバナンスと公民パートナーシップ：ガバメントとガバナンスの相補性」山本啓編『ローカル・ガバメントとローカル・ガバナンス』法政大学出版局，pp.1-34.
山本啓（2011）「ガバメントとガバナンス：参加型デモクラシーへのプレリュード」岩崎正洋編『ガバナンス論の現在』勁草書房，pp.57-91.

第5章
市民社会と NGO

　アジアでは急速な都市化に伴い，市民社会（Civil Society）の動きにも注目が集まっている．特に1980年代後半の東欧の民主化革命やソ連崩壊以降は，グローバル化の加速で民主主義と経済の自由化による「新しい市民社会」創出への問題意識が高まった．そして，市民社会の領域（sphere）を支える自発的アソシエーションとしてNGO（非政府組織）にも関心が寄せられ，国家とグローバルの両レベルで市民社会とNGOを捉える多くの研究[1]が行われてきた．アジアに限定すれば，政治，経済，社会・文化的観点から分析が試みられ，国家体制の変化と経済開発，またそれに伴う貧困，環境，人権などの問題や市民・住民参加のあり方などについて，西欧の市民社会論をもとに多面的な考察が行われてきた．中でも注目すべきは，国家が掲げる目標と都市中心の政治的行動の変化，すなわち民主化や民主主義体制の定着に関する議論[2]である．

　アジアでは多くの国が植民地支配を経験したが，新生国家は常居していた民族や周辺地域の少数民族，異教徒，移民などとの「国家統合の時代」を経て，政治体制論でいうと軍政と権威主義体制が登場した[3]．1960年代後半にはその政治基盤のもとに国家の共通課題が「開発」へと移行し，経済中心の「開発の時代」へと転換した．そしてたとえばインドネシアではスハルト体制，フィリピンではマルコス体制，マレーシアではマハティール体制として国家優位の時代を迎えたが，その後は次々と「民主化の時代」が訪れ，1986年にはフィリピンのマニラで「黄色い革命」が，また1988年にはミャンマーのヤンゴンで軍政批判が高まり，アウンサン・スーチー女史を中心に民主化運動が高揚した．タイのバンコクでも1992年に5月事件が起き，軍人の首相を辞任させた．一方で，1989年に中国の北京で起こった天安門事件のように弾圧と挫折を味わった国もあるが，1999年の投票で独立派が勝利し2002年には民主共和国として新たに誕生した東ティモールもある．近年も2011年以降は民主化にかじを取り始めたミャン

1　たとえば，ジョンズ・ホプキンス大学のレスター・サラモン教授らが開発したグローバル・シヴィル・ソサエティ・インデックス（GCSI）や国際NGOのCIVICUSによるシヴィル・ソサエティ・インデックス（CSI）などを使った研究が代表的なものである．
2　岩崎（1998）は，旧ソ連や東欧諸国の「民主化」や「民主主義」に対するキーワードとして都市の「中間階層」と「市民社会」を挙げ，これらがアジアで適用されるかどうかを出発点にした．
3　開発独裁から市民社会への流れと民主化との関係については，岩崎（2001, 2009）を参照．

マーや，逆に 2014 年の軍事クーデタで民政が機能不全に陥っているタイなど，アジアでは多様な民主主義論が唱えられている．だが，この間にも多くの NGO が各国で生まれており，制度，自由，生存といった要素からどのような民主主義が定着するのか，今後の都市の持続可能な発展を図る上で市民社会や NGO，市民社会組織（CSO）などの役割がますます問われる時代を迎えている．

5.1 アジア市民社会論の展開

(1) システムとしての市民社会

「新しい市民社会」とは何かを理解するために，西欧がたどってきた政治システム，経済システム，そして社会システムとしての市民社会の系譜を追ってみよう．

最初に政治システムとしての市民社会とは，古典思想に基づき「市民社会と国家は，一体不可分のもの」つまり国家と市民社会をほぼ同一視する認識である．そもそも西欧で生まれた市民社会論は，古代ギリシャやローマ都市国家の「良き市民」や「市民としての徳」の時代にまで遡り，18 世紀半ば～19 世紀半ば，つまりイギリスの産業革命やアメリカの独立革命，そしてフランス革命の時代に近代市民社会論として再び脚光を浴びることになった．中でも「君主の国家」ではなく，「民主主義国家」と「市民社会」をほぼ同義と理解し，フランスの啓蒙思想家ルソーが市民社会を市民（citizens）の政治共同体とした捉え方などがそれである．よって，政治システムは「暴力という強制力を独占し，支配・被支配の関係を形成して社会統合をするシステムである」（神野，2004）と理解できる．

次に，経済システムとしての市民社会とは，市場経済とほぼ同一視する考え方である．18 世紀のイギリスにおいて，スコットランドの啓蒙思想家ファーガソンは，政治思想家のホッブスやロックの社会契約論を批判し，『市民社会史論』で市民的・商業的技術の発展が文明を進歩させ，国家から自立していると論じた．『国富論』を著したアダム・スミスも社会契約論を批判し，市民社会を分業に基づく商業社会と捉えている．また，カントやルソーの影響を受けたヘーゲルは個々人の欲求が各人の遂行する労働を通じて満たされるというブルジョア社会を「欲求の体系」としたが，その思想を継承し，『共産党宣言』を執筆したマルクス＝エンゲルスもこの範疇で理解される．ここでいう経済システムとは，「人間が自然に働きかけ，人間の生活に必要な財（goods）を生産して分配するシステム」（神野，2004）のことで，その中での市民社会の位置づけである．

そして最後に，社会システムとしての市民社会であり，人間そのものが再生産され，生活が営まれるための存在である．いわばこれが第三領域としての「新しい市民社会」で，ここでは個人や家族，コミュニティなどが集まってインフォー

マルな集団を形成したり，自発的（ボランタリー）に機能集団などを形成したりして，ハーバーマスが『公共性の構造転換』で主張するように市民的公共圏のアクターとして位置づけようとする捉え方である．ハーバーマスは，『コミュニケーション的行為の理論』の中で，大手企業やメディアが国家を支配する高度資本化の大量消費社会において公共圏が「再封建化」されるという構造転換があったが，衰退した公共圏の理想的な姿を取り戻すためにはコミュニケーション行為や討議による合意形成が必要であり，倫理的な討議が民主的な社会伝達や交流を可能にするという卓見に富んだ社会哲学理論を提示した．

だが，その兆しはあるものの，この文脈を単純にアジアの社会システムにあてはめて議論するのはやや乱暴だろう．そもそもハーバーマスがいう倫理的かつ民主的な討議がアジア諸国の土壌においてどの程度蓄積されてきたのか，また国家と市場に次ぐ第三領域としての新しい市民社会論の中で，NGOをどのように定義し，市民社会のアクターとして位置づけていくのかについても，一定の配慮が必要だと考えられる．これについては，次節で述べることとし，まずはアジア市民社会の議論を振り返っておこう．

(2) アジア市民社会とNGOをめぐる議論

第一は，アジアの市民社会を政治的視点から比較する議論である．ここでは，岩崎育夫（2001, 2009）の「市民社会」と「民主化」の分析を援用してみよう．岩崎は，市民社会を「国家から自律した，国民が自発的に創る社会団体や組織が活動する領域」と定義し，具体的には専門家団体，NGO，労働組合，学生運動，宗教団体，互助団体，コミュニティ組織，企業など国家の影響を受けることなく，市民が自ら創った団体が市民社会団体であり，市民社会とはこれらの団体や組織が活動する領域だとした．そして，アジア諸国が経済成長を遂げて中間層が増えたことを踏まえて，「アジア政治を観察する研究者の間で，この階層に属する人たちは教育水準が高いので政治意識も高いに違いない，そのため彼らは積極的に社会活動に参加して政治的発言を行い，権威主義体制を批判して民主化の推進力になるとの見方が広まり，彼らが参加する団体を市民社会と呼んだのである」（岩崎，2001）と認識した．要するにアジアの市民社会は，軍政のような権威主義体制への批判と民主化との関連で注目されたのである．もちろん，そこにはNGOの政治参加，つまり法制度や政策決定プロセスへの参加も含まれてはいるが，注意すべきは中間層とNGOだけで民主化が推進されたわけではないという点である．そして，これらを踏まえて「国家と社会関係論」の視点からアジア諸国を「強い国家」（国家優位の国）と「弱い国家」（社会優位の国）に分類し，市民社会論を展開した．

第二は，経済面からアジア市民社会の動向に着目する視点である．特に西欧の

市民社会の概念は，国家と市場が出現し強固になっていく中で，個人と社会の関係，あるいは社会秩序の再構築として変遷してきた．つまり，社会を場に良い生活（good life）を目標にすれば生産手段や経済構造も変化し，社会秩序のあり方にも影響が及ぶ．「資本主義経済の発展は，私的利益を追求するあまり社会の連帯が弱まり個人の原子化をもたらすことが予言されたが，それは現実となった．欧米先進諸国で市民社会論が注目される背景には，このような行き過ぎた個人主義への反省」（岩崎美，2004）が存在しているのである．

他方，アジアの資本主義経済の発展もいわば経済のグローバル化の姿であり，「その動因は，多国籍企業による国境を越えた多国籍生産，多国籍取引の拡大にある．それゆえ，グローバリゼーションとは，市場経済の拡大，国家による諸規制の緩和，小さい国家，市場開放，民営化や自由化と結びついており，ボーダレス化とも呼ばれる」（西川，2011）．しかし，この動向は都市への経済集中や貧困格差の拡大，失業や投機マネーの横行，環境破壊などの課題を生み出すことにもなった．要因の1つには「市場の失敗」[4]があるが，加えて「人口の爆発的な増加や急速な都市化によるスラム問題や農村の土地問題なども，地球規模の課題を生み出す大きな要因になっている」（秦，2013）．したがって，こうした経済のグローバル化を監視する反グローバリゼーション運動としての市民社会の形成が，NGOやNPO（非営利組織）の動きなどによってアジアにも現れつつあるという見解が成り立つだろう．

また第三の社会的側面については，アジア諸国も含む途上国で社会開発の一端を担うNGOの政策アプローチを検討する議論である．多くのNGOは主要都市に拠点を置き，ストリートチルドレンなど貧困層の子どもたちへの教育や保健医療などの社会サービスや，住宅政策，環境改善などの面でエンパワーメント型事業を多数展開してきた[5]．こうしたNGOの存在価値や事業評価，行政とのパートナーシップに関する研究は多いが，内容も政府開発援助（ODA），民間支援の在り方，国際NGOと現地NGOとの関係，現地NGOと住民組織（CBO）や対象住民との関係など多岐にわたる．

スレイマン（Suleiman, 2013）は，この点についてガバナンスの観点から市民社会の役割を捉えると欧米諸国と途上国間で次のような違いが浮かび上がると

---

[4] さまざまな財・サービスの市場において，受給が等しくなるように価格が調整されるという市場の価格メカニズムによって，資源の効率配分が達成されないことをいう．たとえば公害のような外部経済や情報の不確実性，地球環境問題などがその原因とされる．

[5] たとえば，タイのバンコクやカンボジアのプノンペンにおける都市貧困層の子どもたちの教育環境の改善，インドネシアのジョクジャカルタで実施されている衛生・環境問題への適正技術を用いた生活排水処理の取り組みなど，コミュニティレベルにおけるNGOの成果は数多く報告されている．秦（2014）や東京大学cSUR-SSD研究会（2008）などを参照．

いう.欧州において,市民社会グループは集合的な意思決定や公共政策形成の文脈の中でガバナンスの構造に組み込まれている.したがって,アクター間の対等な討議によって政策決定が行われ,見せかけだけではなく正当で革新的な解決策へと導ける.だが途上国の場合,ガバナンス改革のプロセスに市民社会を含むことは,計画された開発と壊れやすい民主主義の解決を約束するもので,実際には「グッドガバナンス」という政策アジェンダにおいて開発プロジェクトと民主化が重複している.よって,1980年代に市場に基づきかつ国家主導で行われた構造調整プログラム[6]は公衆の総体的な見方を排除するもので,それは効果的に貧困を削減し,社会開発を誘発することに失敗したとする.また,国際機関がアフリカで開発と民主化に取り組む「グッドガバナンス」政策で市民社会の強化を重視し,NGO を市民社会の代表のように扱うやり方は不適切だと強く非難し,市民が参加する真の民主化はその国が成長する歴史的過程に浸透してこそ得られた成果であり,外部からの資金に依存して開発を実施しようとする NGO では同様の成果は得られないと主張している.開発と民主主義は政治的な課題であり,つぎはぎだらけのプロジェクトではないと NGO への過剰な期待に警鐘を鳴らしている.

このことは,アジアでも国際機関の拠出金や ODA などを活用してこれまで実施されてきた NGO によるプロジェクトが,決して民主化を推進する市民社会形成の一翼を担ってきたなどと安直にいうべきではない点を示唆している.たとえばウンパコーン(Ungpakorn, 2007)は,タイの住民運動の最大の弱点の 1 つは個別の政策のみに偏っているからだとし,それは NGO のネットワークもそうであり,事業予算の確保がそのネックになっていると言及している.つまり,資金提供するドナー側は,NGO や CBO などが実施する単体のプロジェクトの成果に関心があるのであり,社会システム全体の変革にまでは関心がなく,ここに市民社会における NGO の限界があるという.

確かに,海外からの事業資金については少なくとも数年間で一定の成果を上げることが条件になっている場合が多く,エンパワーメントやそれに関する説明責任を明確に果たしていくためには,ドナー側の理解や行政との関係など,制度面でも中長期的な展望が不可欠である.だが,そうした NGO の取り組みは,もともと政治的な改革や民主化を最終目標に掲げて事業を実施しているものではないことから,アジア諸国の社会システムにどの程度インパクトを与えているのかについては検討の余地があるだろう.

---

[6] 1980 年代から取られた開発政策で,途上国が IMF や世界銀行から金融支援を受ける前提として要求された.たとえば,国営企業の民営化,金融の自由化,規制緩和などを通じて市場機能を整備し,マクロ経済を安定させるといった内容のものである.

5.2 アジア市民社会とNGOの枠組み

(1) アクターとしてのNGO

一般的に，NGOとは「非政府」である点を強調する用語で国連の経済社会理事会のオブザーバーステータスとして広く使用されており，日本で開発，人権，平和，環境などに関わる団体を指すNGOの意味より広い概念で認識されている．また，「非営利」を強調するNPOについても，日本では特定非営利活動法人法（NPO法）に登録した団体だと認識する場合が多いが，非営利という意味では医療施設，学校，福祉施設，宗教法人や学生団体，労働組合なども含まれ，NGOの概念とほぼ同一である．他にも，市民が自発的に組織した団体を総じてCSOと呼び今日広く使われているが，これらの定義は国によってさまざまであるため，ここでは主に都市で社会開発，環境，人権分野に関わる組織をNGOと定義しておく．

図5-1は，NGOがアジアの都市においてどのような位置にあるのかを表したものである．前節で述べた政治システムとしての国家，経済システムとしての市場，社会システムとしてのコミュニティを三元的な枠組みとし，その中心にアジ

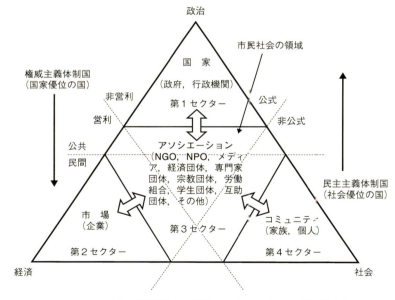

図5-1 アジア市民社会の領域とアソシエーションの位置づけ
出典：ペストフの福祉トライアングル（2000）などを参考に筆者作成

ア市民社会の領域を置いている．そして，その領域を構成するアソシエーションの1つがNGOである．アソシエーションとは結社を意味し，さまざまな形態の組織や団体，グループなどが存在する．たとえばNGO，NPO，メディア，経済団体，専門家団体，宗教団体，労働組合，学生団体，互助団体などである．この領域では，⇔のように政治，経済，社会的なインターアクションが常に起こっており，よってNGOの活動内容も分野を問わず幅広い．もちろん，国によってNGOに関する法整備もまちまちで，政治活動を禁止する国もある．

　また，ここに示す強い国家（国家優位の国）は，「社会の意思や意向とは関係なく政策を決めることができ，それを国民（社会）に強制できる能力を持った国」（岩崎，2001），具体的には軍事政権や一党支配などによる権威主義体制国を示し，弱い国家（社会優位の国）とは，「国家が政策を決定するにさいして，社会の意向や圧力を無視しては何も決められないだけでなく，国家が決めた政策の実施過程でも，それが社会によって骨抜きにされてしまうような状態の国家」（岩崎，2001），すなわち民主主義体制国家にあたる．要するに，国家が強ければ市民社会の領域はそれだけ狭くなり，NGOを含むアソシエーションの動きも窮屈なものになってしまう．しかし，国家が弱ければ，それだけ市民社会の責任領域やアソシエーションの活動も活発なものになり，アクターとしてのNGOの役割も増してくると推測される．これら以外にも，国家も社会も強い国，あるいは国家も社会も弱い国という場合も当然あり得ることを想定しなければならないだろう．

(2) アジア諸国の社会システムと市民社会

　次に，アジア諸国の社会システムと「新しい市民社会」との関係について見てみたい．

　たとえば，日本社会における「市民社会がイニシアチブをとるガバナンス」の状況を参考にすると，澤井安勇（2004）は図5-1に示したようなペストフの「福祉トライアングルにおける第三セクター」を用い，CSOが民主的ガバナンスの主要アクターの一角を担う状況を総合的に「ソーシャルガバナンス」と定義し，地縁的なコミュニティ組織も含めたCSOの役割に注目している．そして，福祉サービスの受給者とするとガバナンスのアクターとしては外れるが，たとえば法人化されたコミュニティ組織は，都市内分権などが進展した段階では，単独またはNPOなどとの連携で，地域内におけるコミュニティ施設管理など一定の市民サービスの供給主体になりうると捉えている．また，都市計画など法的な根拠を有する意思決定事項への行政参加の段階では，一定の自治組織の方がむしろ任意参加型のNPOよりも正当なアクターとして位置づけられると判断している．

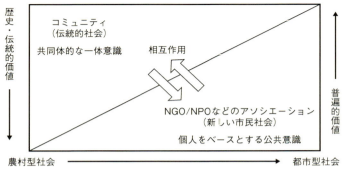

図 5-2　アジア諸国の社会システムとしての市民社会と NGO/NPO

　日本の国際協力 NGO の約 80％がアジアのさまざまな分野で活動している点[7]と，そこで国際 NGO や現地 NGO が既存の伝統的なコミュニティ組織やそこから派生したグループ，団体と相互関係を持ちながら活動している現状からすれば，澤井の主張はきわめて興味深い．したがって，こうした観点からアジアにおける社会システムと第三領域としての「新しい市民社会」の認識は，図 5-2 のように捉えられるであろう．歴史や伝統的な価値や規範を大切にするコミュニティは農村社会に多いが，それに基づいて普遍的価値を追求する NGO や NPO といった「新しい市民社会」のアクターの機能は都市から発信される傾向が強いことから，横軸には農村と都市との関係を矢印で示した．こうした枠組みを参考に，次節では各国の NGO の活動スペースをさらに検討してみよう．

5.3　各国の市民社会と NGO の活動スペース

(1) 政治体制からみた市民社会と NGO の活動スペース

　アジア諸国が独立して以降の政治状況は，近年も目まぐるしく移り変わっている．たとえば，同じ共和制や立憲君主体制を取っていてもそれぞれの歴史的背景や社会的な仕組みが異なり，政治体制としてどのように分類できるのかは難しい．また，地政学的な要素や，人口規模，民族，宗教の違いなど，その変数を特定する作業はきわめて困難であることから，むしろ多様性を重視する上では意味が乏しい作業かもしれない．しかし，市民社会が政治体制によって影響されるこ

---

[7]　国際協力 NGO センター（JANIC, 2011）を参照．

表 5-1　アジア 11 カ国の政治体制

	権威主義体制国 ←――――――――――――→ 民主主義体制国		
共和制（大統領）			インド（12 億 6,740 万）
			フィリピン（1 億 10 万）
			インドネシア（2 億 5,280 万）
			バングラデシュ（1 億 5,850 万）
		パキスタン（1 億 8,510 万）	
	ミャンマー（5,370 万）		
立憲君主制			マレーシア（3,020 万）
		タイ＊（6,720 万）	
	カンボジア＊（1,540 万）		
社会主義共和制	ベトナム＊（8,970 万）		
	中国（13 億 9,380 万）		

注：（ ）内は人口．ベトナムとカンボジアは民主化運動非発生国．タイは 2014 年に軍事クーデターが発生しており，2015 年現在は軍事政権下にある．
出典：岩崎育夫（2009），国連人口基金「世界白書」（2014）より筆者作成

とは明確であることから，岩崎の政治的，経済的な分類方法を参考に，アジア 11 カ国（インドネシア，カンボジア，タイ，ベトナム，フィリピン，マレーシア，ミャンマー，インド，パキスタン，バングラデシュ，中国）における NGO の現状を把握してみよう．

　表 5-1 は，各国の政治体制と今日の状態を示したものである．ここでは政治体制を共和制（大統領制），立憲君主制，社会主義共和制の 3 つに分類した．また，権威主義体制下で軍政の要素が強く反映されていたり，一党体制であったりする点を考慮し「権威主義体制国」として左側に，また軍政，王制，独裁制など，非民主主義ではない体制国を「民主主義体制国」として右側に表した．

　しかし，この表で注意しなければならないのは，「権威主義体制国」と「強い国家」，また，「民主主義体制国」と「弱い国家」は必ずしもイコールではない点である．岩崎は，ここで該当する中ではミャンマーを強い国家とし，カンボジアのフン・セン体制も近年徐々にそうなっているといい，また弱い国家として，行政能力や資源に欠け，結果的に政治社会が不安定で国民が最低限の経済社会生活を満たすことが困難な国としてバングラデシュを挙げている．したがって，そうした状況下にある国においては各国からの国際援助をはじめ，国際機関や国際 NGO の活動スペースは広がることが考えられるであろう．また，そうした国々で民主主義体制が確立されれば，現地 NGO や CSO などがアクターとして活発に活動できるスペースが広がる可能性も予測できる．

(2) 国民総所得（GNI）と人権状況からみた市民社会とNGOの活動スペース

次に，各国の一人当たりGNIと都市化率，そして人権状況を表5-2に示した．ここでは縦軸に一人当たりGNIを，また横軸にFreedom House 2015[8]が示す政治的権利と市民的権利，およびそれを合算した自由度（FR1～7）をもとに，自由国（FR1～2.5），部分的自由国（FR3～5），不自由国（FR5.5～7）に振り分けて現状を区分した．

これによると，都市化率が高いほど一人当たりのGNIも高くなっているが，人権状況において自由度が高いのは低中所得国のインドのみであり，一人当たりGNIが最も高いマレーシアは部分的自由国であるものの，中国とタイの人権状況はそれぞれ不自由国に区分されている．同様に，低中所得国においてはベトナム，ミャンマー，カンボジアも不自由国に区分され，経済状況と人権状況は必ずしも単純に相関関係では表せないことがわかる．こうしたことから，中国，タイ，ベトナム，ミャンマー，カンボジアにおいては市民社会の領域が狭く，とりわけ人権問題に関わるNGOにとっては活動スペースがきわめて限られている状況であることが窺える．

(3) 社会運動の出現パターンとNGO

NGOの活動スペースを検討するもう1つのアプローチとして，社会運動の発現パターンの違いから各国の社会的な環境要因を特定する方法も考えられる．たとえば，「政治スペースが小さい，という場合，政府がどのような形，方法でNGO活動を規制しているのか，ということが，NGOの活動にも影響を与える．経済スペースについても，どういう分野について，国家，市場，コミュニティの資源供給の欠陥があるのか，ということがNGOのあり方を規定する」（重冨，2011）のであり，その状況は国によってまちまちだからである．

重富によれば，シンガポール政府はNGOなど社会団体には厳しい規定を敷いてきた経緯があり，NGOの経済的スペースも政治的スペースも狭いが，フィリピンとタイではこれまでの経済成長に取り残された相対的貧困層が分厚く存在

---

[8] 1941年にアメリカで設立された国際的な監視NGOで，基本的人権に基づき世界で民主主義と自由を守るための活動を展開している．指標の政治的権利（Political Rights）とは，選挙プロセス（Electoral Process），政治的多元性と参加（Political Pluralism and Participation），政府機能（Functioning of Government）を，また市民的権利（Civil Rights）とは，表現と信仰の自由（Freedom of Expression and Belief），結社の自由（Associational and Organizational Rights），法の支配（Rule of Law），人格的自律（自己決定）と個人の権利（Personal Autonomy and Individual Rights）をベースに算出されたもので，数値が1に近いほど自由度が高く，7に近いほど低い．またPRとCRを合算したものが自由度（Freedom Rating）として1～7で示されている．

表 5-2 アジア 11 カ国の GNI と都市化率，人権状況の自由度

	自由国 (FR1 〜 2.5)	部分的自由国 (FR3 〜 5)	不自由国 (FR5.5 〜 7)
高中所得国 $5,000 〜		マレーシア（$10,660, 74％, PR4, CL4, FR4）	中国（$7,380, 54.4％, PR7, CL6, FR6.5） タイ（$5,410, 49.2％, PR6, CL5, FR5.5）
中所得国 $2,000 〜 4,999		インドネシア（$3,650, 53％, PR2, CL4, FR3） フィリピン（$3,440, 44.5％, PR3, CL3, FR3）	
低中所得国 $2,000 未満	インド（$1,610, 32.4％, PR2, CL3, FR2.5）	パキスタン（$1,410, 38.3％, PR4, CR5, FR4.5） バングラデシュ $1,080, 33.5％, PR4, CL4, FR4）	ベトナム（$1,890,33％, PR7, CL5, FR6） ミャンマー（$1,270, 33.6％, PR6, CL6, FR6） カンボジア（$1,010, 20.5％, PR6, CL6, FR6）

注：（　）内は一人当たり GNI，都市化率，PR：政治的権利，CL：市民的権利，FR：自由度（1 〜 7）

出典：World Bank（2015）GNI per capita, Atlas method（current US$），United Nations World Urbanization Prospects: The 2014 Revision と Freedom House（2015）より筆者作成

し，それに対する政府による福祉・社会政策が十分機能しておらず，経済的スペースが大きい．しかし，政治的スペースについては，1980 年代以降のアキノ政権時に見られたように，フィリピンでは NGO が政府の中に積極的に参加していったのに対し，タイの場合は官僚体制が強く内部起用が基本であり NGO が参入する余地が小さい上に政治家に対する不信感も強く，フォーマルな政治や行政の外から批判する姿勢を取る傾向が強い．

またウンパコーン（Ungpakorn, 2009）は，タイの NGO の社会運動について，80 年代は農民を称え「答えは村にある」をスローガンに農村開発に取り組んだが，共産党が崩壊し，右翼的政治に反抗する程度に甘んじていた．しかしその後，1989 年までは圧力行為と農村コミュニティのアナーキズムを包含し，大衆運動や政党を組織して国家と対立するというやり方ではなく，単一の問題を論点とする政治運動（Single issue politics）を展開し，国際的な資金提供団体と関連付けた活動を展開したと指摘している．

一方インドネシアは，1968 年から 30 年も続いたスハルト政権下で経済開発

は進んだもののその間に農村や都市下層の貧困問題が深刻化したことから，NGOの経済スペースはフィリピンやタイと同様に大きかったものの，政権側はNGOを脅威と見なし規制的な姿勢を取り，1985年に社会組織法を制定した．しかし，法的には抜け道があり，「行政上の裁量でNGOをコントロールしていたため，NGOの側も権力側とのコネなどを使って，政府の弾圧をかいくぐるという対応をとった」（重冨，2011）．つまり，フィリピンやタイよりは政治スペースは小さいが，行政的管理に恣意性があり，ある程度のスペースが確保されていたと分析できる．

開発戦略という点では，マレーシアでも1971年に始まったブミプトラ政策[9]以降は，「国連女性の10年」をきっかけにジェンダーへの関心が高まり，人権をめぐる議論も活発化した．また，1998年にアンワル副首相の罷免・逮捕をきっかけに起こった「レフォルマシ」（改革）運動を契機として，市民社会のあり方が特に議論されるようになった[10]．

また，カンボジアでは長年にわたる内戦を経て和平成立後は国際NGOが現地NGOの活動スペースをリードしてきたが，近年では急激な経済開発に伴い労働問題，スラムや農村部における強制立ち退き問題などをめぐってたびたび当事者を中心に首都プノンペンなどでデモが発生している．特に，最近の社会運動としては，2014年に行われた総選挙の開票をめぐる野党を中心にしたデモや，2015年7月にフン・セン政権が成立させたNGO法に対する市民社会の抗議行動が挙げられる[11]．

さらに中国について言及すれば，1980年代に鄧小平政権の改革開放路線のもとで進められた市場経済の導入が引き金になったことは明らかであるが，都市部ではそれまでの計画経済体制下における「単位」と呼ばれる職場組織の構造が変動し，「社区」（コミュニティ）概念が導入された[12]．これにより，コミュニティの自助・互助による社会サービスが求められる都市社会へと変化したことが，その後の「社区建設」や環境保護，農民工[13]に関わる草の根NGOの増加をもたらしたと考えられる．

この他，インド，パキスタン，バングラデシュ，ミャンマーにおいては英国植民地時代からの反英運動から独立に至る歴史的変遷が市民を中心に社会問題の解決に向けたNGOを生み出す要因として根底にある点も考えられるであろう．こ

9　ブミプトラとはマレー語で「土地の子」を意味するが，人口6割以上を占めるマレー系住民の経済的地位を向上させるため，1971年から経済，教育，就職面などで優遇する政策を始めた．
10　吉村（2008）を参照．
11　カンボジアのNGO法案問題をめぐっては，秦（2014）を参照．
12　古賀（2010）を参照．
13　農村戸籍のまま都市部に移動して就労する人々のこと．

うした動きに付記するとすれば，各国でこれまでに起きた紛争による難民や飢饉の問題，地震，洪水，サイクロンなどの大規模災害が起こることで，国内外のNGOの活動に火がついたケースも数多く見受けられる．

5.4　NGOの推定数と都市型NGOの動き

(1)　各国のNGOとボランティアへの参加意識

以下に，アジア11カ国で活動するNGOの組織数とボランティアへの参加意識について推測してみたい．

まず，複数の文献を参考に各国のアソシエーション数（NGOを含む）を割り出し，それに基づき千人当たりの組織数を算出して多い順から表5-3に示した．ただし，アソシエーション数については各国によって組織の定義や算出方法，調査年が異なり，特にバングラデシュ，パキスタン，ミャンマー，ベトナムについては統計資料が乏しかったことから，あくまでも参考に止めてほしい．たとえばバングラデシュについてThe International Center for Not-For-Profit Law

表5-3　各国のアソシエーション推定数とWGI

国名	アソシエーション数	千人当たり組織数	WGI（%）
マレーシア	47,636	1.61	55
フィリピン	124,398	1.43	41
タイ	65,457	1.01	44
インド	694,186	0.57	29
インドネシア	114,463	0.45	51
中国	499,000	0.37	18
バングラデシュ	50,000	0.31	29
カンボジア	3,492	0.24	23
パキスタン	45,449	0.23	32
ミャンマー	10,000	0.18	64
ベトナム	15,000	0.17	28

注：World Giving Index, WGI（2014），Gallup Poll．千人当たりの組織数は，調査時の人口をもとに算出．
出典：フィリピン，インド，中国はNPO研究情報センター（2014），マレーシア，インドネシア，バングラデシュ，パキスタン，ミャンマーはThe International Center for Not-For-Profit Law, ICNL（2015），タイは統計局（National Statistical Office of Thailand, 2006），カンボジアはCooperation Committee for Cambodia, CCC（2012），ベトナムはThe Asia Foundation（2012）を参考に筆者作成

(ICNL) は，約25万の団体がさまざまな政府機関に登録しているが休眠中の団体が多く，実際に活動しているのは約5万団体としている．また，NPO 研究情報センター（2014）によると，インドの非営利団体登録数に約317万団体であるが，実際に存在が確認されたのが69万4,186団体（内，都市部は26万953団体）であった．

また，World Giving Index（WGI）とはイギリスのチャリティーエイド財団が毎年発表している指標で，世界135カ国の人々の寄付行為，組織に対するボランティア活動への参加，他人への援助という3つの行為のいずれかを過去の月に行ったかどうかについて調査したものである．WGI（2014）の報告によれば，ミャンマーは世界一数値が高く，マレーシアは7位，インドネシアは13位であった．ミャンマーは敬虔な仏教徒が多く，またマレーシアやインドネシアも宗教的な背景がある点が高い要因として挙げられている．

この他，NPO 研究情報センター（2014）は，各国とも都市部に本部を置くアソシエーションが多く，ソーシャルサービス分野（教育，社会福祉など）の活動が活発だとしている．

(2) 各国の都市型 NGO の活動と NGO ネットワークの現状

最後に，各国の NGO と NGO ネットワークの都市貧困層への取り組みとその課題について簡潔に述べておこう．

タイ・バンコクのスラム・スクォッター地区では，1990年代以降は NGO よりもむしろ CBO を中心にマイクロクレジットやコミュニティ・ラジオなどの活動を通して地域の問題解決に関わってきた[14]．だが，2014年の軍事クーデター以降は地方政治や政策に関わる住民間の集会などにも活動制限がかけられ，NGO や CBO，ネットワーク組織は身動きが取れない政治的環境下にある．また，カンボジアのプノンペンでも，2012年現在で国際 NGO と現地 NGO152団体が Cooperation Committee for Cambodia（CCC）に加盟して連合体を結成しているが，特に都市スラムの居住や労働問題などに関わる人権 NGO については，政府関係者などからの圧力や妨害などが報告されている[15]．加えて中国の北京市では，住民参加を意識した一部の「社区建設」（コミュニティ建設）に草の根 NGO が参入しているが，政府側には NGO に対する根強い不信や警戒がある．よって現状は「マドリングスルー」（その場しのぎ）の関係にとどまっており，今後「協働型の公共性」をさらに進めるためには，「コミュニケーション」と

---

14 タイの都市スラムにおける NGO と CBO の活動については，秦（2005）を参照．
15 秦（2014）を参照．

「補完性」が必要である点が指摘されている[16]．

　他方ミャンマーでは，近年，国際NGOや現地NGOによるネットワーク化が急速に進められており，Directory of NGO Networks in Myanmar 2012によれば子どもや青少年，ジェンダー，セックスワーカーなどに関わる12のNGOネットワークが記載されている．特にMyanmar NGO Network（MNN）は1990年代から国内で活動している国際NGOや現地NGOが2007年以降に健康，環境，子どもと女性の分野で政府や国連機関との調整に取り組んでいる．たとえば，Save the Children UKの呼びかけで進められたキャパシティ・ビルディング・イニシアティブ（CBI）によって国際NGOの調整や現地NGOの研修などが進められ，ヤンゴンに本部を置くNGOの強化が行われた．MNNには，現在110団体が会員登録している[17]．また，2012年のLocal NGO Directoryには118団体，国際NGO Directoryには56団体が記載されており，NGOや国連，援助国などで構成されるMyanmar Management Information Unit（MMIU）は，ステークホルダーの調整フローチャートをWeb上で公開している[18]．

　フィリピンでもNGOネットワークは活発に機能している．カナダの支援によって1991年に設立されたThe Caucus of Development NGO Networks（CODE-NGO）は現在12のNGOネットワーク（1,600団体以上のNGO，People's Organization，組合など）を傘下に置くフィリピン最大のNGO連合体であり，NGOの財政基盤の確保やガバナンスの向上，社会開発に関する政策提言活動などを行っている．

　また，アジアの巨大NGOでバングラデシュのダッカに本部を置くBRAC（2014年度支出約5億4,500万米ドル）も，マイクロクレジットや女性のエンパワーメント事業などを展開し都市貧困層に対するアプローチを強化している．BRACの報告（2015年8月）によれば，ダッカを含む主要7都市には約1万4,000か所（人口約220万人）のスラムやスクォッター地区が散在するが，健康プログラムですでに9万人のダッカ住民の情報を収集しており，そのネットワークを通じて政府機関や他のNGOと連携して全土に波及できる持続可能な都市コミュニティ開発を進めている．

　こうしたNGOの活動は，個々の限界はあるものの市民によって支えられることで，マルチステークホルダーの一翼を担う存在として今後も重要度を増していくだろう．また，とりわけ政府側との目的共有や相互補完，資金提供，あるいは

16　古賀（2010）を参照．
17　秦編著（2014）を参照．
18　Overview of Coordination Teams in Myanmar http://www.themimu.info/sites/themimu.info/files/documents/Coordination_Teams_Overview_Country-wide_MIMU_Mar2015.pdfを参照．

対等性に関する課題としては，NGO が政府に対して「下請化」しないかどうか，また NGO 以外の市民セクターとの連携を通じて今後ネットワーク組織を駆使した政策提言（アドボカシー）力を発揮できる状況を構築できるのかどうかも，今後大切な視点になってくるであろう．　　　　　　　　　　　　　　　　[秦　辰也]

【参考文献】
岩崎育夫（1998）「アジア市民社会論」岩崎育夫編『アジアと市民社会：国家と社会の政治力学』アジア経済研究所．
岩崎育夫（2001）『アジア政治を見る眼：開発独裁から市民社会へ』中公新書．
岩崎育夫（2009）『アジア政治とは何か：開発・民主化・民主主義再考』中央公論新社．
岩崎美紀子（2004）「デモクラシーと市民社会」神野直彦・澤井安勇編『ソーシャルガバナンス：新しい分権・市民社会の構図』東洋経済新報社，pp.17-37．
NPO 研究情報センター（2014）『世界の市民社会 2014』大阪大学大学院国際公共政策研究科．
古賀章一（2010）『中国都市社会と草の根 NGO』御茶の水書房．
国際協力 NGO センター（JANIC）（2011）『NGO データブック 数字で見る日本の NGO 2011』外務省国際協力局民間援助連携室．
澤井安勇（2004）「ソーシャルガバナンスの概念とその成立条件」神野直彦・澤井安勇編『ソーシャルガバナンス：新しい分権・市民社会の構図』東洋経済新報社，pp.41-55．
重冨真一（2011）「東南アジアにおける社会運動の比較分析試論」中村正志編『東南アジア政治制度の比較分析』調査研究報告書，アジア経済研究所，pp.74-91．
重冨真一編著（2001）『アジアの国家と NGO』明石書店．
神野直彦（2004）「新しい市民社会の形成：官から民への分権」神野直彦・澤井安勇編『ソーシャルガバナンス』東洋経済新報社 pp.2-16．
末廣昭（1993）『タイ：開発と民主主義』岩波新書．
末廣昭（2002）「総説」末廣昭編『岩波講座 東南アジア史』第 9 巻，岩波書店．
田坂敏雄（2009）『東アジア市民社会の展望』御茶の水書房．
東京大学 cSUR-SSD 研究会（2008）『世界の SSD100：都市持続再生のツボ』彰国社．
西川潤（2011）『グローバル化を超えて：脱成長期日本の選択』日本経済新聞出版社，pp.189-203．
秦辰也（2005）『タイ都市スラムの参加型まちづくり研究：こどもと住民による持続可能な居住環境改善策』明石書店．
秦辰也（2013）「地球規模のボランティア」守本友美・吉田忠彦編著『ボランティアの今を考える：主体的なかかわりとつながりを目指して』ミネルヴァ書房，pp.125-161．
秦辰也編著（2014）『アジアの市民社会と NGO』晃洋書房．
ハーバーマス，ユルゲン（1994）『公共性の構造転換：市民社会の一カテゴリーについての研究』（第 2 版）細谷貞雄・山田正行訳，未來社．
ハーバーマス，ユルゲン（1985）『コミュニケイション的行為の理論（上）』河上倫逸訳，未來社．
ペストフ，ビクター A.（2000）『福祉社会と市民民主主義』藤田暁男他訳，日本評論社．
吉原直樹（2006）「モダニティとアジア社会」新津晃一・吉原直樹編『グローバル化とアジア社会』東信社，pp.327-351．
吉村真子（2008）「マレーシアのジェンダーと市民社会」竹中千春他編著『現代アジア研究 2・

市民社会：ポストコロニアルの地平』アジア政経学会，pp227-255.
Amrita Daniere and Mike Douglass (2009) *"The Politics of Civic Space in Asia"*, Routledge.
BRAC (2015) *"Empowering the urban poor – The new frontier in poverty reduction"*, brac blog, 16 August.
Charities Aid Foundation (2014) *"World Giving Index 2014 A Global View of Giving Trends"*, November.
Cooperation Committee for Cambodia (2012) *"CSO Contributions to the Development of Cambodia 2011"*, CCC, March.
Freedom House (2015) *"Freedom in the World 2015, Discarding Democracy: Return to the Iron Fist"*.
National Statistical Office of Thailand (2006) *"Non-Profit Organization Survey"*, Ministry of Information and Communication Technology.
Suleiman, Lina (2013) *"The NGOs and the Grand Illusions of Development and Democracy"*, Voluntas, Vol. 24 Number 1, March, pp.241-261.
The Asia Foundation (2012) *"Civil Society in Vietnam: Comparative Study of Civil Society Organizations in Hanoi and Ho Chi Minh City"*, Hanoi, October.
The International Center for Not-For-Profit Law (ICNL), http://www.icnl.org/ as of September 2015.
Ungpakorn, Giles Ji (2007) *"A Coup For the Rich-Thailand's Political Crisis"*, Workers Democracy Publishing.
Ungpakorn, Giles Ji (2009) *"Class Struggle between the Coloured T-Shirts in Thailand"*, Journal of Asia Pacific Studies. Vol. 1, No 1, pp.76-100.

第6章
都市形成史

　アジアは今や世界でも都市化の進んだ地域の1つとなっている．アジアの都市といえば，巨大都市がひしめき，人ごみであふれるイメージが定着しているであろう．そうして，いくら西洋と同じような建築物が建っても，そこには確かにアジアならではの特性が備わっている．では，なぜアジアの都市は今みるような姿になったのか．そのたどった過程を顧みることで，その個性の由来をひもとくことが，本章のねらいである．

6.1　アジア都市の起源を探る

　アジア都市の特徴はいかにして形成されたか，以下のような問題設定が考えられる．

　第一の論点は，アジア都市の象徴性についてである．アジアでの都市の発生は，王権や宗教などの磁力が人々を集めることで起こった．都市の中心には，権力のための象徴性を持った空間が拵えられるが，それは周囲（農村部など）からその都市を異化するための仕掛けである．このような都市の象徴性は，いかに獲得されたのか．アジアの都市では，中国系・インド系の都城モデルが流通し，都市，とりわけ首都の理念型として参照され，その影響は現在にまで各国首都の中枢部の構成などにみることができる．このような，古代から現代までのアジアの首都デザインの系譜を検証していく．

　第二は，アジア都市の商業の場についてである．アジアの都市は，人混みであふれる賑やかさでも特徴づけられる．都市一面を覆っているかのような商業空間は，アジア都市の活気を強く印象づける．交易・商業のための場としてさまざまなアクティビティが行き交う都市は，どのように形成されたのか．

　第三にアジア都市の近代化過程についてである．いまでは近代化した都市景観を持つアジアの都市だが，そのような近代的な市街地形成はいかにして始まったのか．よく知られるように，その契機となったのは欧米列強による植民地支配だが，その内実も一様でなく，都市空間はより多様で複雑化していった．近代がもたらしたアジア都市空間の変容を検討することで，その様相をみていく．

　第四は国民国家の都市空間の形成についてである．第二次世界大戦後，アジア諸国は相次いで独立し，国民国家の都市空間を手に入れる．しかしその多くは植

民地都市の読み替えから始まっており，戦後政治に翻弄されつつも，今日のようなメガシティへと成長を遂げる．多くの都市問題をはらんだまま成長を続けるアジアの都市はいかにして今みる姿となったのか．その形成過程をみていきたい．

6.2 古代都城理念

(1) 古代都市計画としての都城

アジア都市は，その多くが政治的中枢機能を核として形成され，また都市空間も政治権力のための象徴空間を中心に形成されてきた．長江，黄河，インダスといった古代文明以降，アジア各地に古代都市が建設されている．それらは，当初は散発的な都市化を示すものだったが，やがて強大な影響力を持つ都市が出現し，その影響の下でいくつかの連関した都市イメージの流通圏がかたちづくられていく．1つは，中国を中心とした東アジアの都城であり，また1つは，インド由来の都市概念がひきおこした東南アジアでの都城である．都城とは，王権を中心とした都市で，都市の理念型（理想的な都市プラン）を持ったものをいう．いわば，アジア各地で「みやこ」ができた時代である．

(2) 中国的都城の系譜
■ 古代都城概念の形成

中国での都城の原型は，方形プラン，グリッド状街路，南正面を基本としているが，このプロトタイプの形成までにも長い道のりがある．紀元前1800～1500年の二里頭遺跡にすでに広場を持った都市形態がみられ，殷墟や周王朝の遺跡に方形区画の都市遺跡がある．「天円地方説」[1]に基づくという方形プランの萌芽は比較的早く，都市中心の広場は，諸国間の盟約のための場と考えられる．始皇帝の築いた秦（紀元前221～紀元前207年）の咸陽宮，前漢（紀元前207～後8年）の都・長安では，天星信仰による天宮になぞらえたプランや北斗星信仰による北面の重視，北方に設けた陵墓に付随する陵邑による郊外の形成などが都市化の特徴であった．前漢の長安では，北面に加え東面したプラン，都市人口の多くが城外に居住するなど，後の城郭都市としての都城とは大きく趣を異にした様相であった．前漢末の長安の改造から，本格的に儒教のテキストである『周礼』考工記を持ち出した都城の計画が実行され，儒教的概念としての天子南面や中軸線を通した平面計画がとられた．「考工記」中の「方九里旁三門国中九経九緯左祖右社面朝後市（一辺が9里，一辺に3つの門，城内は9本の縦の道

---

[1] 点は円形，地は方形という中国古来の概念．これに倣い北京天壇は円形平面でつくられて，地上の中心たる都城は方形平面をとる．

と9本の横の道を通す．左には祖廟，右には社稷壇，前には朝廷，後ろには市場）」という記述に基づき，方形プランのグリッド状街路パターンを持つ都市がイメージされ，祖廟（王家の祖先を祀る施設），社稷壇（土地神・農業神を祀る施設），朝廷，市場という都城に必須の基本施設が挙げられた．これは，次代の後漢・洛陽でも導入されたが，既存の城郭改造であったため不徹底に終わった．都城プランに画期をもたらしたのは，魏の鄴城であり，基軸街路，その回りの官庁街，北側に宮殿域を置くことによるアプローチの延長（これによりパレードの演出効果をねらったとされる）が導入され，それぞれ後の都城でも採用されていく．北魏（386～534年）の洛陽（後漢の洛陽を再利用し拡張）では，新たに外郭を拡張し，宮・内城・外郭の三重構造が実現した．これらを総合化したものが，隋（581～618年）の大興城，それを継承した唐（618～907年）・長安であり，ここに都城は1つの完成形をみることになる．

■ 古代都城の完成型

　隋・大興城は1辺が10 km 近くの巨大な方形城郭で，皇帝の政治・居住空間である宮城，官庁街である皇城により北側中心にコアをつくり，そこから南へ基軸街路である朱雀大街を伸ばした左右対称によるプランである．城内はグリッド街路が敷かれ，各ブロックを墻壁で囲んだ「坊牆制（ぼうしょうせい）」による閉鎖的な構造であり，対して街路は大路で80 m，朱雀大街で120 m の幅があり，皇帝のためのパレード空間となった他は，細長い広場として都市住民が行き交う場でもあった．ただし，商業空間は東西の市に限られた「市制」がとられていた．唐の長安はこれをそのまま受け継いだものだが，左右対称の図式的な構成は，早期に宮殿の移転により崩され，また貴族の居住域を中心とした都市化など，均質なプランにかかわらず，都市化の強弱が起こっていた．古代的な理想都市は，人智を超えたものを演出することによる王権の強化に利用され，このような壮大な都市プランが召還される動機となった．一方で，長安は人口増による燃料や水の不足に悩まされ，より物流に適した洛陽に重心が移っていき，唐朝の崩壊とともにこのような理想都市の時代は終焉を迎えることとなる．

■ 都城構造の変革

　次の統一王朝である北宋（906～1127年）の都開封では，都市の様相は一変する．長安の各ブロックを囲んでいた坊牆制が崩壊し，街路空間に開いた構造の住宅が街路に並び，また運河を都市内に縦横に通して物流に適した都市構造とし，商業空間である瓦子（がし）が市内各所に開かれ，王朝の管理により商業の場を制限する市制もくずれた．とはいえ，都城である以上，大内（宮殿などを含む部分）と南へ伸びる基軸街路である御街など王権のための空間は確保されている．多少不整

形ではあるが大内，内城，外城の三重城郭を持つ巨大な城郭都市である．開封は北方民族の攻勢により落城し，南へ遷った南宋は都を臨安（現在の杭州）に置く．既存の大都市にあとから朝廷が来たため，御街が北側に伸びるなど変則的なところが目立つが，政治の中心と経済の中心が合一したため，都市は多いに繁栄した．

モンゴルによる中国の征服により誕生した大都は，周礼の記述に最も近いといわれるように，平原的な原理で幾何学的形態の都城が築かれたが，水上交通の導入により経済物流機能をも包含した都市計画であった．続く明（1368〜1644年）でも南京の後に，大都を改造して北京を建都し，清（1616〜1912年）はそのまま都城を継承している．

■ 中国型都城の特徴

以上のような中国都城の立地をみると，長安・洛陽は遊牧的世界と農耕的世界の接点，開封・杭州は運河上の立地により海域世界との接点，また北京も遊牧的世界と農耕的世界の接点というように，異なった世界の交渉域に中心地が立地していることがいえる．

広く中国の城壁都市の一般的特性をみれば，都城を頂点として各地方の城郭は行政拠点として建設されたため，政治行政機能を中心とした都市化が先行したという歴史的経緯がある．戦乱の多い時代では防衛のために集村形態をとり，漢代の県城もこのような集落の大きいものにしかすぎなかった．南北朝期になると散村が広がり，形態上の都市と農村の分化が起こる．州県制が確立した隋代には全国の州城・県城の数が確立し，これは清代までほぼ一定数となる．官僚支配の確立の結果としての城郭都市が固定化されたのに対し，宋代には商業空間が城壁外にも広がるようになり，やがて鎮市のような別個の都市体系もできあがる．城内でも人口の増大により官の手では処理しきれない公共サービスが民間の手に委ねられ，やはり官と民との体系が交差していく．このように行政区分を越えて都市が広がることは，中国の都市の１つの伝統的事象ではある．

中国型都城は周辺国に影響を与え，朝鮮半島では三国時代に高句麗の平壌，百済の扶余，新羅の慶州，日本では藤原京，平城京，平安京など，ベトナムでは昇竜（タンロン），などの都城が築かれた．いずれも在地の王権都市の構造をベースとしつつ，王権の表徴空間の演出のために必要な範囲で都城の論理を導入している点が共通している．たとえば，日本の都城は形態面では中国都城を写象しつつ，重要施設である祖廟や社稷は，在地の神宮，神社と重複するため導入していないことがわかる．冊封体制の中で流通した中国的王権イメージが，各国の首府の中枢に投影された歴史があるが，またそれは，ソウルの青瓦台の景福宮背後の立地，北京中南海の共産党指導部など，今日の首都空間にもしっかりと継承され，首都の中核を形成している．

(3) インド型都城の系譜
■ インド型都城の展開

　インド型都城概念とは，紀元前3世紀マウリヤ朝期に著したとされる『アルタ・シャーストラ』に述べられる理想都市のかたちに由来する．ここでは，理想的な都市は中心寺院を持ち，方形城郭，各辺に3つの門，城内は縦の街路と横の街路が交差したプランで表現される．ただ，これは当時の都であるパータリプトラ（現パトナー）やその後のインドの王朝ではあまり影響はみられず，地方城郭に応用された程度だが，海を越えて東南アジアで大いに花開くことになる．

　東南アジアにも，独自の城郭都市は存在した．ドヴァーラヴァティ[2]では歪円形の城郭がつくられるなど，タイを中心とした大陸部には「ムアン」と呼ばれる城郭都市の伝統がある．この上に，インド的な都市概念が上書きされていく．その影響は，早くもフーナン（1〜7世紀）の時代にみられ，交易都市オケオが矩形城郭を備えた他，ドヴァーラヴァティの城郭も矩形を意識したかたちに修整されたものがある．海洋交易によりいちはやくインド文明に触れたこれらの都市が積極的に都市のかたちに反映させたものと考えられる．カンボジアでは，フーナンを次いだチェンラーが，やはり矩形城郭を持った都イーシャナプラを建造している．

■ 東南アジアでのインド型都城

　このインド的都城概念を積極的に取り入れたと考えられているのが，アンコール王朝である．アンコール朝は，プノムクレン山上で即位したジャヤヴァルマンII世が，神王思想により自らの権威を高めようとした際，聖山信仰を具象化した堂山伽藍を建立して，これを中心に都城を造営したことに始まる．プノムクレンに引き続いて平地都城としてロリュオス，さらにヤショヴァルマンII世が建都したヤショダラプラが，現在のアンコール都城である．ヤショダラプラは，中心寺院の変遷によりいくつかの時期に分けることができるが，いずれも中心寺院を中心とした，整形された方形城郭にバライという水池を従えたプランをとっている．インド的世界観では，中心寺院（ヒンドゥ教または仏教が，その時々の王により選択された）は前述のとおり聖山（メール山）の象徴であり，水池は聖河ガンジスに仮託したものとされる．アンコール都城の最終型であるアンコール・トムでは，中心寺院バイヨンを文字通り方形城郭の中心に置き，東西南北各辺の中点に城門，東辺にはさらに王宮域へと伸びる勝利の門が1つ開けられた．城郭の東北と南西に巨大な矩形の水池バライを繋いだ壮大なプランをみせている．また城内はグリッド地割が一面に敷かれた．

2　6〜11世紀頃，タイ地域にあった古代国家．

アンコール王朝は周辺国との抗争により衰退していき，15世紀にはついに都城を放棄して，以降はカンボジアではこのような図像的な都城はつくられなくなる．代わりに，アンコールを陥落させたシャムが整形都城の伝統をひきつぎ，スコータイを建都する．矩形の城郭とともに，中心寺院として仏舎利を奉納した寺院ワット・マハータートが建立された．この影響はランサーンのチェンマイでもみられた．しかし，整形城郭の歴史はここまでで，次のアユタヤでは，直交街路パターンは受け継がれたが，チャオプラヤ川の中洲上の立地のため，都城のかたちは不整形なものとなった．また中心寺院のワット・マハータートも王室寺院と並列に置かれ，プラン上は王宮が優先されるなど，都市計画での世俗化が進展している．河岸には城壁が築かれたが，交易地は城外に置かれ，海域に接続した経済都市の側面も強くなっている．アユタヤがビルマにより落城した後は，トンブリーに遷都し，ついで現在のバンコクに都が遷される．いずれも王権を中心とした都市であることには変わりがないため，トンブリーでのワット・アルン，バンコクでのワット・プラケオが中心寺院として王宮に隣接して建立され，都市の中枢が構成されている．現在のバンコク中心部では，サナーム・ルアン（王宮広場）の南側が，この伝統的空間となる．インド伝来の都城理念は，かたちを変えながらも現代都市の中にしっかりと受け継がれている．

■ **東南アジア型都市**

以上はインド的都城概念の東南アジアでの変容，つまりは外来文明に対応した都市空間である．この基層には，在地の都市形成の論理が伏流のように流れている．すでに述べたとおり，タイなどにはムアン都市の伝統があるが，都市圏の構成についても独自の論理がある．それは，川筋に沿って，河口部に港町，中流に都城，上流に聖地を置くというもので，別個の都市機能地区を，1本の川沿いにつなぐ「川筋権力」とよばれるものである．これはベトナムからタイまで広く見受けられ，タンロン，フエなど中国都城モデルを受容した都市，またチャンパのチャキウなどインド文明を受容した都市でも，変わらずみられる．また，通常の都市・集落でも，川や運河に沿って廟・市場などの中核施設を置き，川筋に沿って家屋が並んでいく，川を中軸とするリニアな空間の展開があり，東南アジアの都市一般の空間に頻繁に見られる形態である．バンコクのタノン（大通り）とソイ（脇道）の街路構成およびそれに沿った市街地の展開など，中軸が川筋から街路に変わってはいるが，現代都市にも根強く残っている特徴である．

6.3 港市・鎮市——商業都市ネットワークの形成

(1) **鎮市——中国における商業都市ネットワークの形成**

中国での都城を頂点とした城郭都市群は,「城」として行政機能に基づく存在であったが,「鎮市」が地方経済の中心として族生してくる. その発生は唐代にまで遡り, 軍事拠点「鎮」に端を発し, 人口が集まったところに市場が開かれるようになったものである. 他に墟市という地方産業拠点もそのルーツとして挙げられる. 隋代以降の大運河の開削が契機となって水路沿いに集落が発生し, 宋から明初(10〜14世紀)にかけて長江下流・江南の水路網が形成されて開拓が進むと, 水郷鎮が多くみられるようになる. 明末清初(15〜17世紀)には江南の低湿地開発が進んだことで各地に鎮が立地するようになり, 蘇州はそのセンターとなった. 18世紀頃には, 手工業も盛んになり, 豊かな経済力を背景に庭園などの文化も栄えた.

商業拠点として発達した後の鎮市は, 一般には城壁を持たず, 水路沿いに立地するなど物資の集散に適した構造を持ち, 繁華な商業空間を展開した. 都市化が進んだ鎮市には人口集中が進み, 城を凌駕する規模となる場合もあった. 中には, 窯業を主産業とした景徳鎮・仏山, 長江と漢江の合流点という地の利を得た漢口など, 全国有数規模の都市に成長したものもある. これら鎮市を結ぶ商業ネットワークを介して, 山西商人, 徽州商人などが活躍した. 在来の城(府城, 州城, 県城など)にも, 商業ネットワークが寄生して各地の商業拠点として繁栄した. 蘇州などは近隣の水郷鎮の拠点としても機能するようになった. 官僚機構による行政ネットワークによる都市化が進展した中国だが, 宋代以降は商業ネットワークが拡大していき, やがて国を越えて華僑ネットワークへとつながっていく.

(2) **港市──海域アジアの交易都市ネットワークの形成**

海域アジアでは, 早くから季節風による交易が起こり, インドから東南アジアへの海上ルート上の交易都市が発生した. なかには, 通常の都市化過程を経ずに, 外的刺激によって都市が形成されたと思われるものもあり, 交易機能に特化した都市である「港市」が誕生する基盤ともなっている. オケオのように, 都市形態にインドの影響がみられるものもあり, 都城理念の受容のあともみられる(図6-1). 各地の交易地を統合した海洋国家としてシャイレーンドラ, シュリーヴィジャヤなどが覇を競うなど, 海を越えたつながりは早くから活発であった.

港市国家とは, このような海域ネットワークの拠点をベースにした権力であり, より多くの交易品を集め, 商人を集めることで港の繁栄を図った. 日本からアラブまで, 後にはヨーロッパからも多くの商人がこれらの港を訪れた. 港市では, 彼らの便宜のために通訳や両替機能を充実させ, 最盛期のマラッカでは, 82の言語が話されていたという. これら他国から来訪する商人たちのために, 国ごとに居留地を定めて自治を許すものもあり, マニラやホイアンにあった日本

人町もこの1つである．

　港市は，相互につながってネットワークを形成した交易立地型の都市であり，航路ネットワークの盛衰がそのまま都市の運命を左右した．後述のようにマラッカが衰退したのちは西ジャワのバンテンなどにセンターが移るなど，時代により中心都市の変化もみられる．また，港市は「後背地を持たない都市」ともいわれるが，余剰生産物や労働力の供給地としての後背地こそ持たないものの，交易品を得るために都市周辺に影響圏を確保しようとした．交易に有利な状況を得るために，神話の創作や外来タイトル（スルタンなど）の獲得など，利用できるものは利用する流儀が徹底しており，すばやい宗教の拡大などもこのような商業至上主義がもたらしたものということができる．

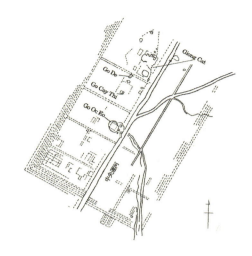

図6-1 オケオ

出典：L. Malleret, *L'Archéologie du delta du Mékong*, t.1, Ecole française d'Extrême-Orient, 1959. より作成

　やがてこのネットワークに支配的な力を持つ勢力が現れる．1つは大航海時代に突入した後のヨーロッパである．ポルトガル，スペインが海域アジアに割って入り，ポルトガルはマラッカを占領，植民地時代の端緒を開くこととなる．しかし，このことが自由貿易の魅力を失わせたことも事実であり，マラッカ衰退の原因ともなった．もう1つは中国人であり，彼らは政治的な支配よりは，港市国家群に経済的な支配をもたらすこととなり，交易の主導権を握っていくこととなる．

　中国人も，最初は前述の民族別居住地の1つを占めるに過ぎなかったが，数の力と経済力で都市ネットワーク上に一大勢力を築き，各地にチャイナタウンを形成していく．セブ，マニラからホイアン，シンガポールなど，重要な交易拠点にチャイナタウンは位置したが，チョロン，ペナンなどはさらに他所への進出の基盤となる基地機能を果たした．

　チャイナタウンには，コミュニティの中心となる施設が置かれる．天后，関帝などを祀る廟や同郷者の集会施設としての会館である．これらは文字通りの役割の他，住宅，学校，病院など都市施設の設営も行うことがあり，都市基盤建設の母体としての役割も担った．

6.4 植民地都市

(1) 植民地都市の発生——城砦・商館

 交易で栄えた海域アジアの港市は，ヨーロッパの進出にさらされる．ポルトガルのゴア，マラッカ，マカオ，スペインのセブ，マニラ，オランダのバタヴィアなど，既存の都市を支配下に置くか，または新たな交易拠点を築くなどして，西欧のアジア進出の口火が切って落とされた．以降，16世紀から20世紀にまで及ぶ植民地都市建設の流れは，時代ごとの性格の違いから，いくつかの段階で捉えることができる．

 ポルトガル，スペインが進出した16世紀頃では，港に隣接した位置に彼らの拠点として城砦が築かれた．城砦内は軍事・行政の中心であるばかりではなく，キリスト教布教のためのベースでもあった．マラッカやマカオでは教会の遺跡が残っているが，マニラではイントラムロスが巨大な姿を今日に伝え，中央広場に面して教会が聳えている．オランダはジャワにバタヴィアを築き，東インド会社の商館・倉庫を港湾地区に建ち並べて，その内陸側に，行政庁舎が中央広場に面して建っている．さらにその内陸側には，華人の商業地区であるコタ地区のショップハウスが延々と続いている．市街には運河がはりめぐらされ，交易に適した都市構造を形成していた（図6-2）．

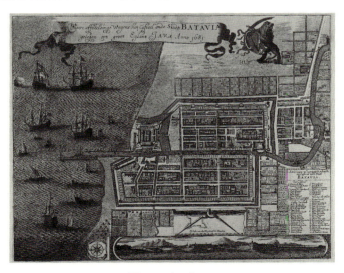

図6-2 バタヴィア

出典：Adolf Heuken, *Historical sites of Jakarta*, Cipta Loka Caraka, p.76, 1983

(2) 計画的植民地都市

アジアの植民地都市に画期をもたらしたのは、イギリス東インド会社のスタンフォード・ラッフルズである。1819年に上陸の後、彼の築いたシンガポールは、従来のアドホック的な都市建設に対して、明確な都市計画モデルを提示した（図6-3）。その特徴として、ゾーニングの導入が挙げられる。ただしそれは用途地域によるものではなく、民族別の居住地を指定した民族セグメントのためのものであった。また、シンガポールで誕生したものの1つにアーケードを備えたショップハウスがある（図6-4）。街路に面した建物正面にファイブ・フット・ウェイというアーケード空間を設けて歩行者を風雨や日差しから守るとともに、都市景観的に統一した町並みを創出することとなった。こうして、シンガポールは植民地都市のモデルとして広汎な影響力を持つにいたった。シンガポール視察に訪れたシャムのチュラロンコーン王は、その都市美に感銘を受け、自身の都バンコクにおいてショップハウスの導入を行っている。建築線を定めて街路へのはみ出しを抑えた上で、公共歩廊を確保する

図6-3 シンガポール
出典：Ole Johan Dale, *Urban Planning in Singapore*, Oxford University Press, pp.152-153, 1999

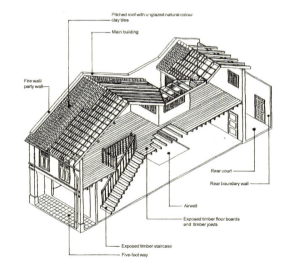

図6-4 ショップハウス
出典：*Little India Historic District*, Singapore: Urban Redevelopment Authority, p.28, 1995

都市計画的手法は，近代を迎えたアジア各地の都市に広がっていった．イギリス植民地では衛生医師と工兵隊の技師がこの任に当たり，ジョージタウン，ラングーンなどのプランを作成した．そのプランは衛生対策が基本であり，街路パターンは単純なグリッドパターンを基本とした．

植民地経営においてプランテーション農業が進展すると，都市はその集散地としての機能を持つようになる．ゴム，サトウキビ，ジュート，米などの作物が都市へ運ばれて輸出されていき，都市化を進展させたが，通常の都市化での「余剰生産物の集積による都市化」ではなく，外部からの圧力による急激な資本集中は「過剰都市化」を招き，後のメガシティの発生やスラム問題の根源となった．またプランテーションや鉱山開発などの労働力が移民によりまかなわれ，マレーの茶農園のインド人や錫鉱山の中国人など，大規模なエスニック集団が形成された．大量の労働移民の増加は，各地に移民センター的な都市をつくり出し，チョロン，ペナンなどの華人やラングーンなどのインド人など，都市の人口の過半を移民が占める都市が出現するようになった．このような都市では，移民の収容先として集合住宅が開発され，インドのチョウルや東南アジアのショップハウス，また中国の里弄住宅などが都市に軒を連ねるようになる．これにより都市不動産業が発達し，家賃収入により南インド出自のチェッティヤール（チェティヤ）やサイゴンの華人財閥，上海のユダヤ人などの資本家が成長していった．

(3) 帝国主義時代の植民地都市

19世紀後半に入ると列強によるアジアの分割が進展し，イギリス，フランスのインド支配の争いから東南アジアの支配へ，さらにドイツ，アメリカなど新興の帝国主義勢力も参戦して，植民地が族生していく．領域経営の中心地として各植民地には首府が置かれ，行政機能を持った近代都市が建設された．中国においても租界が設置され，西洋による都市建設が進展した．これらの都市では，本国から派遣された官僚や駐留軍の将校，植民地経済を牛耳る資本家などにより，西洋世界を移植したような都市空間が演出された．行政庁舎は権力の象徴として本格的な西洋建築で建てられ，社交の場として劇場やホテル，競馬場がつくられた．都市の中心には公園が置かれ，総督府やオペラ座の建築が妍を競う，西洋文明のショーケースが現出された．一方，領域支配を安定させるために法の秩序を植えつける必要があり，都市には法の番人としての裁判所や監獄が設置され，西洋による植民地支配を正当化するための装置として機能した．権力が集中した拠点都市には，ボンベイ，マドラスなどインドの管区都市（プレジデンシー・シティ）や共同租界を持つ上海など，西洋を凌駕する規模の巨大都市が出現した．

都市全体を一個の対象物とする近代的な都市計画が考案されると，植民地都市はその実験場として次々計画が立案される．フランス都市計画家協会のプラン

ナーがハノイ，サイゴン，プノンペン，さらに避暑都市ダラットの計画などを発表した．バンドゥンでは蘭領東インドの新首都計画が立案された．日本も台湾，満洲の都市計画を行っている．イギリス植民地では田園都市思想も導入された．街路をピクチャレスクに演出した記念性の高い都市計画が流行したが，その最たるものはインドの新首都ニューデリーである（図6-5）．

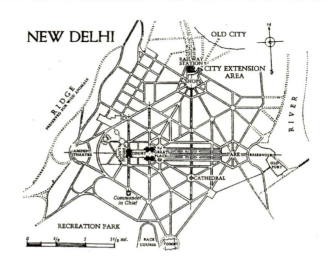

図6-5 ニューデリー
出典：Ervin Y. Galantay, *New Towns: Antiquity to the Present*. George Braziler, p.89, 1979

　植民地の規模は拡大したが，限られた人数の西洋人でコントロールするには無理があり，現地人が登用されるようになる．また，西洋相手の商売から富を蓄積する者も現れる．こうして現地人エリートが出現するようになり，彼らは西洋人に伍して都市文明を享受する存在となる．第一次世界大戦によるヨーロッパの後退，また共産主義への対策から，植民地においても社会政策がとられ，衛生環境改善やソシアルハウジング政策がみられるようになる．よりよい居住環境を求めて郊外住宅が普及し，インドではデリー郊外などに田園都市も建設された．

　熱帯植民地では，夏期の酷暑を嫌って気候のよい高原に避暑地がつくられたが，首都の行政機能をそのまま避暑地に移すことも行われている．インドのシムラ，フィリピンのバギオ，ベトナム（仏領インドシナ）のダラットなどで，これらは夏期首都（サマー・キャピタル）と呼ばれた．西洋人にとってはリゾートであるが，プランテーションの基地や高地民族の交易地ともなり，山間部の新たなセンターとしても機能した．

　植民地時代の都市建設は，西洋列強による押し付けの近代が具現化したものに他ならないが，その近代的空間・システムは，さまざまな軋轢を生じながらも，新たな器を残していったのである．

6.5　国民国家の首都

(1)　首都空間の形成

　第二次世界大戦後は，アジアでも多くの国々が独立の悲願を達成した．新しい国家は，新しい象徴を求めて，首都の建設に向かった．しかし，アジアではほとんどの場合，既存の中心都市（植民地首府）を再利用することから始めている．植民地期にすでにかなりの程度に行政機構が構築されていたため，これらを再利用することが効率がよかったためと思われる．インドは，完成して程ない大英帝国の置き土産ニューデリーを引き続き首都とした．カンボジア，ラオスは，ベトナムとともに「インドシナ連邦」という枠組みであったが，それぞれ地方州の首府として整備されていたため，独立後もそのまま首都となった．海峡植民地（ストレート・セツルメント）とマラヤ連邦が合一したマレーシアでは，シンガポールが分離独立したため，地方州都のクアラルンプールが首都となった．

　独立後の首都では，かつての総督府を国家元首が引き継ぐ一方，都市の中心部にはモニュメントが建立されて国家の祝祭空間が演出された．ジャカルタでは，モナスというタワー状モニュメントが独立宣言を戴き，隣接して当時世界最大のモスクが建立された．建築の出自を持つスカルノ大統領の意思によるものである．マニラ公園には独立の志士ホセ・リサールのモニュメントが，ラングーンの中央広場では，ビクトリア女王のモニュメントや日本占領期の忠魂碑があった跡に独立記念塔が立てられた．プノンペンでは，シハヌーク国王の主導の下，建築のみならず国歌，舞踊までを含めた総合芸術的な演出が行われた．また，ヴァン・モリバンがナショナル・アーキテクトとして，国立劇場，国立競技場などを設計して首都の新しい相貌を創り出した．

　国家の表徴のもう1つの潮流が，伝統復興である．過去あるいは在来の建築形態を「伝統建築」として形式化する作業は，すでに植民地エキゾチズムの視線下で進行していたが，独立後に大々的に持ち出された．マレーハウスやタイ式住宅の屋根を乗せた公共建築が建った．中華民国・南京の伝統復興建築を引き継いだ台北の記念碑的建築群や韓国の新羅への参照も，過去の栄光を新時代の夢につなげようとした試みであった．

　アジアでも，新首都計画を実施した事例はある．インドとパキスタンの分離独立により，インド側のニューデリーに対して，パキスタンはムガル朝以来の都市ラホールや植民地時代の経済中心カラチではなく，国土の均衡発展を意図して山間地に新首都としてイスラマバードがコンスタンティノス・ドキシアデスの設計で建設された．分離独立でラホールをとられたインド側は，これに対抗して，パンジャブ州州都としてル・コルビュジエ初の都市計画作品となるチャンディガールを建設した．パキスタンは後に東パキスタンが独立してバングラデシュとなる

が，この首都ダッカにはルイス・カーンの手になる国会議事堂が建てられた．これらは，世界的建築家が地域を越えて，国づくりのために招聘された事例である．

(2) **冷戦下の都市**

1949年の中華人民共和国の成立により，東西陣営の最前線はアジアに至り，北朝鮮，北ベトナムとドミノ的な共産化が起こった．共産主義陣営でも国家の表徴を首都空間に求めて，天安門前広場の開設にひき続き，人民大会堂，労働文化宮など十大建築が北京を飾り，毛主席記念堂が天安門広場に据えられた（図6-6）．これら一連の国家的建築事業はソ連のものの引き写しであり，北ベトナムでのホーチミン廟にも影響がみられる．

共産主義ドミノを恐れたアメリカは，日本から韓国，琉球政府，台湾，フィリピンへ，さらに南ベトナム，タイへと，国連，世界銀行，アジア開発銀行などのルートを経てドル援助を注入した．これにより多くの都市施設が建設された．

祝祭的な国家の表徴の建設のかたや，日常的には住宅不足が大きな問題であった．集合住宅の供給は喫緊の課題となり，主として都市周辺部に集合住宅地区が建設されていく．それは単なる住宅という入れ物ではなく，コミュニティの場としても機能することが期待された．国民国家にとっては，「国民」という集合体を創造する必要もあったのである．

図6-6 北京天安門広場
出典：村松伸『図説北京』（河出書房新社，p.106, 1999年）

このように，戦後アジアでは都市化が進展していったが，共産主義圏では「農村が都市を包囲する」という革命指針が根強く，資本主義的世界とされた都市部は投資が抑制された．このため都市中心部は凍結されたかたちで残り，大戦前の都市景観が1980年代頃まで残ることとなった．90年代以降，社会主義国でも開放経済の進展により急激に都市化が進み，遅れていたインフラの整備や都市再開発が一気に加速した．

(3) アジア現代都市の誕生

 現代のアジアでは，メガシティの発生など都市化の進展が著しいが，中小都市のネットワークも輻輳してきており，都市化も多面化しているさまがみてとれる．一方で，アジアの中でもその地域差を読み取ることもできる．東南アジアでは農村の壊れやすさが指摘され，中国では農村を呑み込むかのように都市域が広がっているさまがみてとれる．あえて都市と農村を区別しない「拡大大都市圏（EMR）」という発想も，アジア都市の特性に基づくものである．

 アジアの都市の中枢には，都市の象徴性をあらわす空間が継承され，商業地は不定形に都市を覆う．その姿かたちについても，あるいは移民による多文化的状況，都鄙関係，都市ネットワークなど内部状況についても，その来し方をみれば，歴史的な必然としてあることが認識できるだろう．捉えどころがないが活気あるアジア都市のアイデンティティは，その形成過程を正しく反映しているのである． ［大田 省一］

【参考文献】

SD編集部編（1971）『都市形態の研究：インドにおける文化変化と都市のかたち』鹿島出版会．
愛宕元（1991）『中国の城郭都市：殷周から明清まで』中公新書．
泉田英雄（2006）『海域アジアの華人街（チャイナタウン）：移民と植民による都市形成』学芸出版社．
応地利明（2011）『都城の系譜』京都大学学術出版会．
斯波義信（2002）『中国都市史』東京大学出版会．
妹尾達彦（2001）『長安の都市計画』講談社選書メチエ．
高濱秀他編『世界美術大全集　東洋編1～9 東南アジア』(1998-2000) 小学館．
高村雅彦（2000）『中国江南の都市とくらし：水のまちの環境形成』山川出版社．
千原大五郎（1982）『東南アジアのヒンドゥー・仏教建築』鹿島出版会．
東南アジア考古学会（2005-2007）『東南アジア考古学会研究報告　東南アジアの都市と都城Ⅰ～Ⅲ』
都市史図集編集委員会編（1999）『都市史図集』彰国社．
新田栄治（2013）「東南アジアの都市形成とその前提：ドヴァーラヴァティーを中心として」『鹿児島大学法文学部紀要　人文学科論集』第78号，2013年6月，pp.29-52.
橋本義則編著（2011）『東アジア都城の比較研究』京都大学学術出版会．

肥塚隆編（2000）『世界美術大全集　東洋編 12 東南アジア』小学館．
布野修司（2006）『曼荼羅都市：ヒンドゥー都市の空間理念とその変容』京都大学学術出版会．
布野修司編著（2005）『近代世界システムと植民都市』京都大学学術出版会．
楊寛著（1987）『中国都城の起源と発展』西嶋定生監訳，学生社．
劉叙杰他『中国古代建筑史（第 2 版）1〜5』（2001-2009）中国建筑工业出版社．
Dumarçay, Jacques (2005) *Construction Techniques in South and Southeast Asia: A History* (Handbook of Oriental Studies), Brill Academic pub. .
Dumarçay, Jacques (2001) *Cambodian Architecture, Eighth to Thirteenth Centuries*. Handbook of Oriental Studies, Section 3: Southeast Asia, vol. 12 ,Brill.
Forbes, Dean (1996) *Asian Metropolis: Urbanization and the Southeast Asian City*, Oxford University Press.
Haneda Masashi (2009) *Asian Port Cities 1600-1800-Local and Foreign Cultural Interactions*, NUS Press/Kyoto University Press.
Home, Robert (1997) *Of Planting and Planning: The making of British colonial cities*, Taylor & Francis.
Kusno, Abidin (2000) *Behind the Postcolonial*, Routledge.
Lai Chee Kian (2007) *Building Murdeka: Independence architecture in Kuala Lumpur 1957-66*, Geleri Petronas.
Ly Daravuth and Ingrid Muan ed. (2001) *Culture of Independence: An introduction to Cambodian Arts and Culture in the 1950's and 1960's*, Reyum publishing.
orton Ginsburg, Bruce Koppel, T.G.McGee ed. (1991) *The Extended Metropolis-Settlement transition in Asia*, University of Hawaii press.

第7章
都市環境

7.1 アジア都市環境の視点

(1) 持続可能な都市

　持続可能な開発（sustainable development）とは，「環境と開発に関する世界委員会」（委員長：ブルントラント・ノルウェー首相［当時］）が1987年に公表した報告書「我ら共有の未来（Our Common Future）」が提唱した考え方であり，「将来の世代のニーズを満たす機会を損なうことなく，現在の世代のニーズを満たすような開発」を意味している．当初は，開発と環境の両立をどのように図るかが重要な論点であったが，その後，貧困問題などの社会的側面にも光が当てられるようになり，経済発展，環境保全，社会的公正の3つの要素がバランスした発展のあり方を指す社会目標として理解されている．

　この持続可能な開発の概念を都市の発展に適応した考え方が，持続可能な都市（sustainable city）である．持続可能な都市の具体像については，さまざまな議論がなされてきているが，大気環境保全や水環境保全，緑地保全，廃棄物管理などの環境的側面を重視した環境共生都市の概念や，都市に住む人の生活の質（quality of life）の向上を重視するリバブル・シティ（livable city）といった概念が代表的である．また，最近では，特に，地球環境問題が重要となってきたことから，CO_2排出の抑制に焦点を当てたスマート・シティ（smart city）の考え方も有力な都市モデルとなってきている．

　なかでも，持続可能な都市の基本原則を最も包括的に示したのが，国連環境計画（United Nations Environment Programme：UNEP）と持続可能性を目指す自治体協議会（International Council for Local Environmental Initiative：ICLEI）の支援のもとで，世界各国の専門家が2002年にオーストラリアのメルボルン市に集まって策定した「持続可能な都市についてのメルボルン原則（Melbourne Principles of Sustainable Cities）」である．同原則では，図7-1に示すような10項目からなる持続可能な都市の原則を掲げており，環境的側面，経済的側面，社会的側面の目標に加えて，その目標を実現するプロセスにおける人々の参加や協働，ガバナンスが重要な項目として挙げられている．

7.1 アジア都市環境の視点

1. 持続可能性（世代を超えた社会的・経済的・政治的公正性）に基づいた都市の長期的ビジョンを持つこと．
2. 長期的な経済的かつ社会的な安定性を達成すること．
3. その都市固有の生物多様性，自然生態系システムの価値を認め，保全，回復すること．
4. コミュニティが，そのエコロジカル・フットプリント（人間の環境負荷の量を，その浄化のために必要な面積で表した指標）を最小にすることを可能とすること．
5. その都市の生態系システムの特性を生かし，健康的で持続可能な都市を作ること．
6. その都市の持つ人間的・文化的価値，歴史，自然などの個性を認め，発展させること．
7. 都市の発展プロセスに人々が参加する権利と機会を提供すること．
8. 共有の持続可能な未来のための人々の活動を保証し，その協働のネットワークを拡大すること．
9. 環境に優しい技術の適正な利用と効果的な需要マネジメントを通じて，持続可能な生産と消費を促進すること．
10. アカウンタビリティ（説明責任），透明性，良いガバナンスのもとで継続的な発展を図ること．

図7-1　持続可能な都市についてのメルボルン原則

(2) 都市環境問題

■ 環境問題の空間的広がり

都市の環境問題はさまざまな空間的な広がりのなかで生じる（表7-1）．全地球スケールの環境問題としては，CO_2をはじめとする地球温暖化ガスの排出に伴う気候変動が大きな課題となっている．地球温暖化ガスの排出は，これまでの蓄積という意味では先進国の責任が大きい．一方で急速な経済発展の進みつつあるアジア都市は将来のCO_2排出量に相当な割合を占めることが予測されており，アジア都市におけるCO_2の排出抑制もまた大きな課題となってきている．国際的な環境問題としては，越境大気汚染の問題，あるいは，有害廃棄物の越境移動問題等が挙げられる．これらの地球的，国際的スケールで引き起こされる環境問題の原因となる物質は，いずれも主として都市の中で生み出されるものであり，その意味で，都市環境問題の一領域として捉えることが必要である（花木，2004）．

都市全域あるいは都市圏スケールの環境問題としては，大気汚染，水質汚染，農地の喪失，森林喪失，廃棄物問題等が挙げられる．また都市全域ではないものの，都市のなかの広範な領域で起きる環境問題として，地盤沈下，都市内緑地の喪失，ヒートアイランド等が挙げられる．なかでも，アジア都市では，急速な経済発展とモータリゼーションの進展に伴う大気汚染や水質汚染，地盤沈下等は，直接的な健康被害や洪水被害などの原因となることから早急に対策を講ずべき大

表7-1 環境問題と空間スケール

建物スケール	地区スケール	都市スケール	都市圏スケール	地球スケール
室内大気汚染	生活インフラ不備 衛生環境 騒音・振動・悪臭 住環境 土壌汚染	大気汚染 廃棄物 地盤沈下 都市内緑地の喪失 ヒートアイランド	水質汚染 農地の喪失 森林喪失	地球温暖化 越境大気汚染 有害廃棄物の越境移動

出典：花木（2004）図1.3（p.9）より筆者作成

きな問題となっている．また急速な都市化に伴い増大する廃棄物管理の問題や農地・緑地等の喪失も大きな課題である（花木，2004）．

地区スケールでは，とくにアジア都市では，貧困層が多く住むインフォーマル市街地（第3章「都市計画」参照）等において，水道・排水・下水道・ゴミ収集などの基本的な生活インフラの不備による生活環境問題が大きな課題となっている．また，住環境問題として，幹線道路や大規模な工場と住宅の混在等によって引き起こされる騒音・振動・悪臭や公園や都市内緑地の不足等の課題も地区スケールの環境問題として指摘できる．建物スケールにおいても，アジア都市では，新興国の都市での建物内汚染物質による健康への悪影響の問題や低所得国における室内での燃料利用に伴う室内大気汚染問題なども都市環境問題の1つとして捉えられる．

■ 環境問題と都市発展

図7-2に示すように，都市の発展とともに，深刻度すなわち対策における優先度の高い環境問題は，生活環境問題から都市環境問題，さらには地球環境問題へと次第に広域的な課題へ遷移していくことに留意する必要がある．すなわち，経済成長とともに，水道等の生活インフラの整備が進み，生活環境問題の深刻度が下がっていく一方で，地盤沈下や大気汚染，水質汚染などの都市環境問題の深刻度が増していく．さらに都市発展が進むと，市民の声の高まりとともに厳しい環境規制が適応されたり，比較的高価な下水道設備や大気汚染を防ぐための脱硫設備のようなエンド・オブ・パイプ技術（環境汚染物質が環境に出る直前のパイプの端で除去する技術）の採用が可能となることで都市環境問題の深刻度が下がっていくが，今度は，エネルギー消費型ライフスタイルの浸透とともに増大するCO_2排出のような地球環境問題への対応が重要な課題となってくる．

問題改善のためのタイム・スパンにおいても，直接的な健康被害が大きい生活環境問題が短期的な対策を必要とするのに対して，対策に時間のかかる都市環境問題では中期的な対策が必要となる．影響が間接的で，かつ場合によってはライ

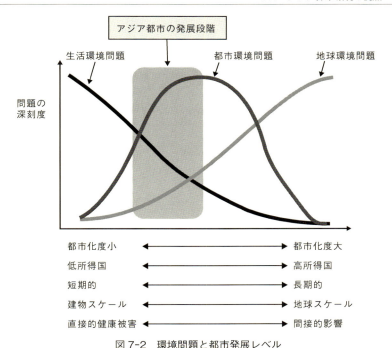

図 7-2 環境問題と都市発展レベル
出典：UNEP（2011a），Figure 1 Urban Environmental Transition, p.457 より筆者作成

フスタイルそのものの変化が求められるような複雑で広範な対策の必要となる CO_2 排出抑制のような地球環境問題に対しては長期的なビジョンのもとでの息の長い対策が必要となるという違いがある．

都市環境フェーズの遷移に伴って異なる改善のための環境対策をとっていくことが必要となる．現在の多くのアジア都市の発展段階は，図 7-2 に示すように，生活環境問題と都市環境問題の両方に対処しなければならない段階にある一方で，さらに，新たに地球規模で重要な課題となってきている地球温暖化等の地球環境問題への長期的な対処を開始すべき段階へと至っている．すなわち，アジア都市の環境対策においては，先進諸国が経験してきた環境改善対策とは異なり，個別的な対応ではなく，それぞれの対策が相互に相乗効果を持つような包括的な対策が求められていると言える．

7.2 アジア都市の環境の現況と課題

(1) 環境問題
■ 都市環境問題：大気汚染

　アジア都市においては，現在，都市スケールの環境問題である大気汚染や水質汚染，廃棄物処理等が大きな課題となっている．工場や自動車を排出源とする大気汚染は，発生源である工業化の進展や自動車の急増，交通混雑の悪化とともに近年，多くの都市で急速に悪化しており，直接的な健康被害につながる重要な問題である．

　浮遊状粒子物質，窒素酸化物（NOx），硫黄酸化物（SOx）等の大気汚染物質のうち，アジア都市では浮遊状粒子物質の問題が最も深刻である（図7-3）．

　アジア都市の大気汚染問題について包括的なデータを収集しているアジア都市クリーン・エア・イニシアティブ・センター（Clean Air Initiative for Asian Cities Center）は，アジア各国（中国，インド，フィリピン，インドネシア，マレーシア，タイ，ベトナム，バングラデシュ，スリランカ，韓国，台湾）230都市の大気汚染のモニタリングを経年的に行っているが，その2010年度報告によれば，浮遊状粒子物質（PM10）の年平均濃度がWHO（世界保健機関）基準の20 $\mu g/m^3$ 以下の都市はわずか2都市に過ぎず，WHO暫定目標3の30 $\mu g/m^3$ のレベルにある都市が6都市，WHO暫定目標2の50 $\mu g/m^3$ のレベルの都市が38都市，WHO暫定目標1の70 $\mu g/m^3$ のレベルの都市が49都市で

図7-3　大気汚染のために霞む大気（北京）（筆者撮影，2014年10月）

あった．全体の約半数にあたる114都市では，最低レベルの暫定目標であるWHO暫定目標1ですら達成できてない状況であり，アジア都市における大気汚染はきわめて深刻な状況にある．

このような状況を踏まえて，各国とも工場からの排出ガスの抑制や自動車の排ガス規制等の環境規制の強化を進めているものの，モニタリング体制の不備や環境対策を進めることで生産コストが上がってしまうというトレード・オフ関係の問題から工場への規制強化は難しい課題である．さらには，膨大なコストのかかる都市内鉄道等の整備の遅れによる交通混雑の悪化（交通混雑により自動車の燃費が悪化し，有害な排ガスが多く発生してしまう）などの問題から，抜本的な対策へと至っていないのが現状である．

■ 生活環境問題

人々の身近な暮らしに関わる生活環境問題についてはどうであろうか．世界保健機関（WHO）とユニセフ（UNICEF）が共同発行している飲料水と衛生に関する報告書の最新版（WHO, 2014）によると，都市部における各戸への水道普及率は，2012年時点で，中国（95％），タイ（80％）は相当なレベルに達しているものの，カンボジア（67％），ベトナム（61％），フィリピン（61％），ラオス（60％），インド（51％）などの国では，過半数には達しているものの普及率がまだ十分とは言えない．とくに，インドネシア（32％），モンゴル（33％），バングラデシュ（32％），ミャンマー（19％）等の国は，普及率が3分の1以下にとどまっており，依然として，安全な水へのアクセスという点で問題が大きい．

水道に比べて整備費がかかる下水道については都市中心部を除いて多くの国で普及は遅れている．たとえば，比較的整備の進んでいるバンコクでも50％程度であり，マニラでは10％程度，ジャカルタでは5％以下となっており，多くの住戸からの家庭排水は都市内河川や運河等に未処理のまま流入し，水質汚染を引き起こしている．

各戸に衛生的なトイレが普及している割合をみると，ベトナム（93％），ラオス（90％），タイ（89％），ミャンマー（84％），カンボジア（82％），フィリピン（79％），中国（74％），インドネシア（71％），モンゴル（65％），インド（60％），バングラデシュ（55％）等となっており，モンゴルを除いて東アジア，東南アジアの国々では，一定のレベルに達しているものの，南アジアの国では普及が遅れている．

また，留意しなければならない重要な点として都市内格差の問題がある．たとえば，インドの場合，2006年時点で共同トイレも含めて都市内貧困世帯のうち衛生的なトイレを利用できる割合が47％のみであったのに対し，非貧困層では

図7-4 悪化するインフォーマル市街地の住環境（バンコク，筆者撮影）

95％の世帯が衛生的なトイレを利用可能であった（UN-HABITAT, 2010）．アジア都市では，土地の権利や正規の土地計画手続きによらずに開発されたインフォーマル市街地と呼ばれる地域に，都市人口のうち相当な割合の人々，とりわけ貧困層が居住している．その割合は，UN-HABITAT（2010）によれば，2010年時点で，東アジア28.2％，東南アジア31.0％，南アジア35％に達している．このようなインフォーマル市街地では水道，排水，衛生，ゴミ収集，公園，道路等の生活インフラ施設やサービスが十分に整備・供給されていない場合が多く，かつ，河川沿いや急斜面地などの災害に対して脆弱な地域に立地する場合も多いことから，衛生面，安全面で大きな問題を抱えている（図7-4）．このようなインフォーマル市街地の住環境の改善は，アジア都市にとって大きな課題となっており，住民参加のもとでさまざま環境改善のための事業が行われているものの，背景には社会的格差の拡大や貧困の問題が横たわっていることからその改善には時間がかかる．

■ 環境問題発生の背景としてのインフラの未整備

アジアの都市，とくに開発途上国や新興国において，このような深刻な環境問題を抱えている背景として第一に考えられるのが，都市における人口増加の速さである．第1章の図1-6に示したように，アジアの多くの都市は，先進国が100〜150年かけて人口1,000万人規模の都市を築いてきたのに対して，50〜60年というおおよそ半分の時間で，1,000万人規模の都市に至ろうとしている．

先進国の都市が，その人口に必要な上下水道，道路，公共交通などのインフラを100～150年かけて整備してきたのに対し，アジアの開発途上国・新興国の都市においては，50～60年という短い時間では，それらのインフラを十分に整備することは非常に困難である．さらに，今後も急速な人口増加が予想されるアジア地域の都市においては，インフラの需要は増大し続け，インフラの不足の解消は困難な状況である．

　これらのインフラの整備は，公共性が高く，巨額の資金が必要なため，伝統的に政府や公営企業などの公共部門が行ってきた．インフラへの巨額な投資のために，政府はその予算から大きな割合をインフラ整備に充てるか，開発途上国の場合はODAにより資金調達がされることも多い．インフラの多くは社会的間接資本であり，国や都市の経済が成長することにより国民所得と税収の増加によって資金回収されるという性格を持つ．具体的には，インフラの整備により，都市の利便性が増すことにより経済活動が活発になり，事業所の事業税や個人の所得税が増加をする，さらにインフラ整備によるアメニティの向上により，周辺の土地の価格が上昇し，結果として固定資産税が上昇する，そしてこれらの税収の増加により資金を回収し，新たなインフラの整備に充てるといった「インフラ整備投資サイクル」が機能しているからこそ，インフラの整備が可能になってくる．しかしながら，開発途上国においては，徴税システムが健全に機能しておらず，往々にしてこのサイクルが機能しない．さらには，上下水道などの利用料金を徴収し，それを資金回収や運営資金に充てるインフラの場合にも，水道料金は政治的理由で低く抑えられていることも多く，下水道に至ってはその利用料の徴収が困難な場合が多く，適切な利用料金の徴収は難しい．インフラ整備後においても，開発途上国においては政府にそのインフラを健全に運営することが難しい場合も多い．そのため，開発途上国においては，政府予算によるインフラの整備が進まず，インフラの不足とそれに伴うさまざまな問題を引き起こしている．

　そこで，近年アジアをはじめとする開発途上国，新興国で多く用いられている手法が，第11章で取り上げているPPP（Public Private Partnership，官民連携）である．上下水道部門でのPPP事業は少ないが，利用料金の回収のしやすい交通セクターではPPP事業が多く行われており，アジア開発途上国の大都市においても，すでにいくつかの都市鉄道がPPPにより建設されており，今後多くのPPPによる都市鉄道の整備が計画されている．

(2) 気候変動とアジア都市

■ CO_2の排出と抑制策

　次に，地球環境問題，とりわけ地球温暖化問題について見ていこう．アジアの途上国・新興国が世界の中で占めるCO_2排出の割合は，今後の経済発展と都市

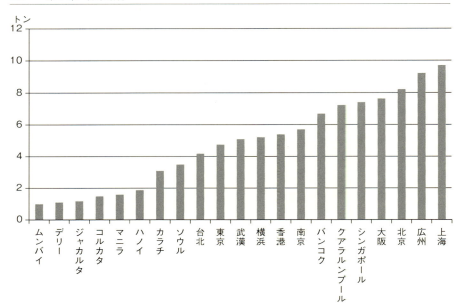

図7-5 アジア大都市の一人当たり平均 CO_2 排出量（トン／人）
出典：Kamal-Chaoui, L., et al. (2011), Figure 9: per capita CO_2 emissions in selected Asian cities, p.22

化，モータリゼーションの進展とともに，急速に拡大することが予想されており，世界エネルギー機関（IEA）によれば，2030年には全世界の CO_2 排出量の42％を占めると予測されている（IEA, 2007）．一人当たり CO_2 排出量についても，国ベースで比較するとアジアの途上国・新興国は先進国に比較して，半分から3分の1程度とまだ相当に低いものの，都市レベルでみると，北京や上海，バンコクなどのアジアの大都市の一人当たり CO_2 排出量は，すでに，東京や大阪，シンガポールなどのアジアの先進国の大都市と同程度あるいは，それ以上の値となっている（図7-5）．CO_2 排出源の内訳については，都市の性格によりさまざまであるが，たとえば，自動車への依存率が高く交通混雑の激しいバンコクでは，交通セクターが49％を占め，最大の排出源となっている．

このように，アジアの大都市は CO_2 排出の抑制策が求められる段階となっており，実際に，多くの都市で気候変動の緩和策としての CO_2 排出削減に向けての取り組みが始まっている．バンコクでは，地球温暖化緩和アクションプラン（2007-2012）のもとで，計画期間の5年間で，何もしなかった場合に予測される CO_2 排出量の20％に当たる975万トンを削減する目標を立て，実際に目標値

の約7割に当たる698万トンを削減することに成功したことが報告されている(Jungrungrueng, 2013). 実績値の内訳をみると, 都市鉄道整備による効果101万トン, 再生可能エネルギー促進の効果88万トン, 建物の省エネ効果270万トン, 廃棄物・下水処理の効率化による効果70万トン, 公園緑地整備による効果169万トンとなっており, 建築物の省エネ化, 公園緑地整備, 都市内鉄道整備の効果が高い.

建築物の省エネは使用者にとって省コストにつながり, また都市鉄道の促進や公園緑地の整備は, バンコクでは交通混雑が激しく, また公園緑地が不足しているために市民の生活の質の向上に直接的につながる. 途上国・新興国では先進国に比較して一人当たり所得が大幅に下回っていることから一層の経済成長が望まれているが, CO_2 の排出抑制はエネルギー消費の抑制につながり, 高い経済成長率を達成する上でマイナスの要因となりうるために政策実施のインセンティブが働きにくい. したがって, バンコクの事例に見られるように, CO_2 排出抑制が他の面での便益も生むような相乗効果の高いウィン・ウィンの政策を進めていくことが重要となる.

■ アジア都市の脆弱性と気候変動への適応策

気候変動の原因である CO_2 をはじめとする地球温暖化ガスの排出の蓄積は先進国によって主としてなされてきたものであるにもかかわらず, その影響は, 気候変動への備えが十分とは言えない途上国においてより深刻な問題となる.

気候変動の影響については不確定な部分が大きく, 海面上昇のようにその影響は甚大であるがはっきりと表れるのが数十年先のような現象も含まれる. しかし, 気候変動に対応するための適応策は, ハード的対策・ソフト的対策ともに, 膨大なコストと時間を要するものが多く, 長期的に取り組む必要があるために, 一刻も早く適応策を講じていくことが求められる.

とりわけ, 多くのアジアの大都市は海岸デルタ低地地帯に立地していることから, 気候変動に伴ってさらに激甚化することが予測されている台風やサイクロン等の熱帯低気圧や洪水災害, あるいは長期的には海面上昇による影響を受けやすい条件のもとにある. Bicknell, J. et al (2010) によれば, 海抜10m以下に居住する人口の多い国の上位5カ国はすべてアジアの国であり, 上位10カ国のうち, 8カ国はアジアに集中している (1位:中国, 2位:インド, 3位:バングラデシュ, 4位:ベトナム, 5位:インドネシア, 6位:日本, 7位:エジプト, 8位:アメリカ, 9位:タイ, 10位:フィリピン). とくに, 大河のデルタ地帯に発達したベトナム, バングラデシュでは, 全人口の半数前後が低地に居住している.

このように, アジア都市は気候変動に対して脆弱な条件のもとにあることか

ら，堤防の建設や安定的な水資源の確保，排水設備等のハード整備と，熱帯低気圧や洪水に対する早期警戒システムの構築，コミュニティ参加のもとでの防災システムの構築，気候変動の影響を受けやすい地域での都市開発の抑制と安全な地域での都市開発の促進といった土地利用の適正化，等のソフト施策を組み合わせた気候変動への適応策の戦略的計画を早急に策定し，実施していくことが必要となっている．とくに，自然災害に対して脆弱な土地には，貧困層が多く居住するインフォーマル市街地が広がっていることが多い．すなわち，気候変動により最も多くの影響を受けるのは貧困層ということになり，気候変動が社会格差を拡大する要因となる（3章図3-2参照）．このように，気候変動への適応策は社会的公正という観点からも重要な課題となっている．さらに，気候変動に対する適応策の実施にあたっては，いずれも膨大なコストと時間がかかるために，資金的な余裕のない途上国では，十分な対策を自国の資金のみで行うのは限界があることから，国際的な協力の強化が必要であることにも留意する必要がある．

(3) アジア開発途上国の大量消費型社会への移行

アジア地域においては，国内材料消費量（Domestic Material Consumption）の全世界におけるシェアがここ40年の間に増加し続けており，1970年においては全世界におけるシェアは24%であったのに対し，2010年には53%にまで上昇した．アジアの開発途上国における1970年から2010年の間の国内材料消費量の年増加率は5.3%であったのに対し，世界の他の国々の平均は1.6%であり，アジア開発途上国における資源の消費がいかに急速に伸びており，今やアジ

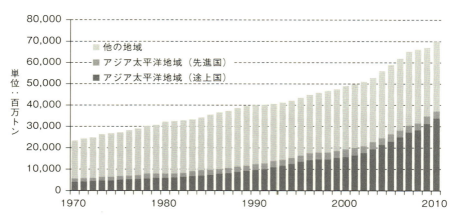

図7-6 アジア太平洋地域と他の地域における国内材料消費の推移（1970-2010年）
出典：UNEP（2015）

7.2 アジア都市の環境の現況と課題

表 7-2 アジア各国における家計最終消費支出の推移（2005 年実質米ドル）

	1990	1995	2000	2005	2010	2013	1990-2000 成長率	2000-2010 成長率
日本	17,671	19,072	19,625	20,672	21,284	22,408	11%	8%
シンガポール	7,004	8,453	10,111	11,690	11,665	12,213	44%	15%
韓国	5,432	7,519	8,324	9,739	11,055	11,622	53%	33%
マレーシア	1,458	1,896	1,953	2,458	3,102	3,673	34%	59%
タイ	940	1,293	1,240	1,533	1,695	1,816	32%	37%
中国	260	379	515	682	1,025	1,307	98%	99%
インドネシア	467	649	714	813	954	1,073	53%	34%
ベトナム	n.a.	294	349	458	610	679	25%	75%
インド	268	295	350	424	586	691	30%	68%

出典：World Bank, World Development Indicators より作成

ア地域が世界の資源消費の中心となっていることがわかる（図 7-6）．

このような資源消費量の拡大の背景には，経済発展とともに，第 1 章で述べた中間層の拡大がある．中間層は耐久消費財を購入する経済的余裕があり，日用品やサービスについても旺盛に消費を行う．2021 年には，アジア地域における中間層の数はヨーロッパと北米における中間層の数に追いつくと言われている．これら中間層による支出の世界でのシェアは，2009 年には北米が 26%，ヨーロッパが 38% を占め，アジアは 23% であったのに対し，2030 年には北米 17%，ヨーロッパ 29%，アジア 59%，2020 年には北米 10%，ヨーロッパ 20%，アジア 59% になると予想されている（Kharas, 2010）．

表 7-2 に示したように，アジア各国の一人当たり家計最終消費支出は，日本やシンガポール，韓国といった先進国が圧倒的に大きいが，ここ 20 年のその年成長率を見ると，アジアの新興国が急速にその数字を伸ばしているのがわかる．このように，アジアにおいても，中間層を中心に大量消費のライフスタイルが浸透しつつあり，アジアの都市が世界の消費の中心となりつつある．

このように，大量消費社会に突入し，資源を大量に消費するようになると，その影響は廃棄物問題，大気汚染，水質汚染などの都市レベルの環境問題にとどまらず，地球温暖化，天然資源の枯渇といった地球レベルの環境問題まで，その影響範囲は広く，影響は深刻である．アジアの都市は，都市スケールの環境問題も深刻であるが，同時にその都市圏スケール，地球スケールの環境への影響も莫大なものになりつつあると言えよう．

7.3 グリーン経済と持続可能な都市

　前述したように，アジアの都市は生活環境問題，都市環境問題，地球環境問題という異なるレベルの環境問題に同時期に対応する必要があり，その反面，貧困の撲滅のために継続した経済成長や社会的公平性の確保も同時に達成する必要がある．さらに，中間層の台頭を背景とした大量消費社会へ突入しつつあり，今後の世界の資源消費の中心地になることが予想されている．

　では，アジアの都市はどのように持続可能な都市を目指していくべきなのだろうか．ここでは，国連環境計画で，アジア地域の国が持続可能な発展を目指すために示している方針のうち，とくに都市に関する2つの方針「グリーン経済」と「持続可能な消費と生産」について紹介をする．なお，2012年6月に開催されたリオ＋20（国連持続可能な開発会議）の成果文書では，グリーン経済の重要性が認識されるとともに，持続可能な消費と生産に関する「10カ年計画枠組み」も採択されるなど，この2つの方針はアジア地域だけではなく，全世界的な方向性であるとも言える．

　そして，最後に本章のまとめとして，アジアの都市が持続可能な都市へと向かうためのロードマップを考察する．

(1)　グリーン経済

　第一の方針は「グリーン経済（green economy）」である．国連環境計画はグリーン経済を，環境リスクや生態系の損失を軽減しながら，人間の生活の質（well-being）や社会的公平性を向上させるための経済のあり方と定義している．国連環境計画のグリーン経済の定義の特徴は，環境問題だけではなく，人間の生活の質や社会的公平性などの社会問題の解決も目指しており，環境問題と社会問題の接点にも焦点を当てている点である．具体的には，温室効果ガスの排出の削減，汚染の抑制，エネルギー資源の効率性の向上，生態系の損失の防止を可能にする経済活動，インフラ，資産に対して，公共や民間の投資を増やすことによって，雇用を促進し，所得の向上を目指すものである．

　このグリーン経済のために，都市分野でできる取り組みは多様にある．国連環境計画のレポートには再生可能エネルギーの利用，リサイクルの促進，グリーンビルディングの建築や既存のストックの改良，交通セクターにおける3つの投資戦略（①土地利用計画と交通計画の融合や地産地消の推進によるトリップ発生の抑制のためへの投資，②公共交通や自家用車以外の交通（人の移動）や鉄道や水上交通（物流）などのより環境面で効率的な交通モードへの投資，③車両や燃料の改良への投資），都市開発（コンパクトシティや，混合土地利用の高密都市など）などを，具体的な方策として挙げている．これらの方策をとれば，環境面

での向上だけではなく，雇用の創出や経済面での便益も期待できるとしている．しかしながら，これらの実現のためには，税金や市場原理に基づいた手段による投資の誘導，規制やインセンティブの創出，キャパシティビルディングへの投資などが必要と指摘されている（UNEP, 2011a）．

(2) 持続可能な消費と生産（SCP）

第二の方針は「持続可能な消費と生産（Sustainable Consumption and Production: SCP）である．持続可能な消費と生産とは，モノやサービスの生産や民間，公共による購入にあたっては，ベーシックニーズを満たし，生活の質を高めるものであることはもちろん，同時にその製品のライフサイクル全体を通して，自然資源の消費や廃棄物や汚染物質の排出を減少させる製品やサービスを生産，購入するということである（UNEP, 2008）．都市分野における取り組みとしては，高エネルギー効率住宅への移転，自動車におけるバイオマスの利用，道路の歩行者専用道路化，地産地消などさまざまな取り組みが紹介されている（地球環境戦略機関，2010）．

2012年に開催された国連持続可能な開発会議（リオ＋20）においては，各国がその消費・生産パターンの持続可能性を高めていくための指針として，持続可能な消費と生産に関する「10カ年計画枠組み」が採択されている．UNEPの2011年の報告書では，とくにアジア太平洋地域においては，経済発展レベル，消費パターン，生計手段およびライフスタイルにおいて大きな多様性があること，「貧困」と「環境に悪影響を与えるハイエンドの消費」の両方の問題に対処するSCPイニシアティブを実施する必要があることを指摘している．そして，アジア・太平洋地域に古くから伝わる環境上持続可能な慣習を上手く活用すること，同時に，エコ効率の高い経済成長を開発の中心に据えた現在の技術重視の姿勢から一歩進み，社会福祉と生態系の健全性を中核に取り入れた幅広い社会工学的アプローチを導入する必要性を説いている（UNEP, 2011b）．

では，この持続可能な消費と生産とグリーン経済はどのような関係性があるのだろうか．グリーン経済は，持続可能な経済成長に向けてのマクロ経済的なアプローチであり，投資や雇用，技術に焦点を置いている．対して，持続可能な消費と生産は運用，ミクロレベルのツールや政策を提示しており，実践，キャパシティビルディング，社会への浸透に焦点を置いており，グリーン経済を支える関係性にある（UNEP, 2008）．

(3) 持続可能な都市実現のためのロードマップ

このように，現在アジア地域においては，環境問題の解決を目指す際に，経済

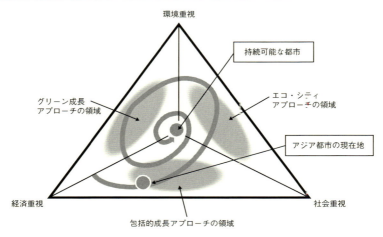

図7-7　持続可能な都市へのロードマップ

発展と社会的公平性の確保も同時に達成することを目指した包括的なアプローチを取ろうとしている．では，環境だけではなく，都市の成長という視点で考えた際には，どのようなアプローチが持続可能な都市に導くのであろうか．本章のまとめとして，それぞれの都市がどのような道筋をたどって持続可能な都市へと発展していくことが可能となるかについて考えてみよう．

　持続可能性の3つの要素である経済的発展，環境保全，社会的公正の3つがバランスした状態が持続可能な都市としよう（図7-7）．多くのアジア都市は，いままで，経済発展を重視した都市開発を重視してきた．今後，持続可能な都市への発展プロセスを考えると，環境保全と社会的公正の両立を図るエコ・シティ・アプローチや経済成長と環境保全の両立を図るグリーン成長アプローチ等のアプローチを，時々の経済的，社会的，政治的状況のもとで取りつつ，らせん状に，経済的発展，環境保全，社会的公正の3つがバランスした持続可能な都市へと発展していくプロセスをたどることが望まれる．

　アジア都市の多くは，大気汚染や交通混雑などの環境問題に加えて，社会格差の増大のような社会問題を抱えており，今までの経済発展重視アプローチは限界が見えてきている．そのような中で，現在は，多くの都市で経済発展と貧困緩和等の社会的公正の両立を図る包括的成長（Inclusive Growth）アプローチがとられつつあるが，今後は，さらに，環境保全も中心的な政策の1つとして位置付けていくことが求められているのである．　　　　　　　［城所 哲夫・松行 美帆子］

【参考文献】

井村秀文（1998）「インフラ整備のライフサイクルと環境負荷」武内和彦・林良嗣編『地球環境と巨大都市』岩波書店．

滝沢智（2004）「アジア都市の環境問題」大西隆他編『都市を構想する』鹿島出版会．

地球環境戦略機関（2010）「アジア太平洋における持続可能な消費と生産：資源制約を乗り越えてアジアは豊かさを実現できるか」『IGES 白書 III』地球環境戦略機関．

根本志保子・和田喜彦・寺西俊一（2010）「拡大するアジアの消費と環境負荷の高まり」日本環境会議／「アジア環境白書」編集委員会編『アジア環境白書 2010/11』東洋経済新報社．

花木啓祐（2004）『都市環境論』岩波書店．

Bicknell J., Dodman, D. and Satterthwaite, D. (2010) Adapting Cities to Climate Change: Understanding and Adderessing the Development Challenges, Earthscan.

Clean Air Initiative for Asian Cities (CAI-Asia) Center (2010) "Air Quality in Asia: Status and Trends 2010 Edition", Clean Air Initiative for Asian Cities (CAI-Asia) Center.

International Energy Agency (IEA) (2007) World Energy Outlook 2007.

Jungrungrueng, Suwanna (2013) 'Bangkok Climate Change Strategy", PPT presentation.

Kamal-Chaoui, L., et al. (2011) "The Implementation of the Korean Green Growth Strategy in Urban Areas", OECD Regional Development Working Papers 2011/02, OECD Publishing. http://dx.doi.org/10.1787/5kg8bf4l4lvg-en

Kharas, Homi (2010) The Emerging Middle Class in Developing Countries, OECD.

UNEP (2008) "SCP Indicators for Developing Countries. A Guidance Framework", UNEP.

UNEP (2011a) "Towards a Green Economy", UNEP.

UNEP (2011b) "The Global Outlook on SCP Policies-Taking action together", UNEP.

UNEP (2015) "Indicators for a Resource Efficient and Green Asia and the Pacific-Measuring progress of sustainable consumption and production, green economy and resource efficiency policies in the Asia-Pacific region", UNEP.

UN-HABITAT (2010) The State of Asian Cities 2010/11.

WHO, UNECEF (2014) "Progress on Drinking Water and Sanitation – 2014 update", WHO.

第8章
都市と交通

8.1 はじめに

　人口が増加から安定傾向もしくは減少傾向になり，かつ年代構成が変化して高齢化が進行している先進国の都市では，都市交通分野の課題は，環境問題解決，安全，福祉，そして財源の持続性などの領域が中心になる．道路混雑が消滅したわけではないが，多くの都市では，地下鉄など時間通りに移動できる方法が確保されており，都市機能を麻痺されるような渋滞が日常的に起きているということはない．移動するという基本的な権利が侵害されるという場面もきわめて少ない．

　一方で，発展途上とも言われる新興国での都市交通問題は，かなり様相が異なる．都市への人口集中は依然として激しい勢いで，結果的に，交通需要の総量が増加し続け，道路は慢性的な大渋滞状況になる．大都市では，この傾向はより顕著になる．東京などの先進国の大都市が，モータリゼーション以前に鉄道整備を概成させ，鉄道駅を核とした都市空間構成ができ，鉄道利用が市民生活の中でも貧富の差を問わず一般的であるのに対して，多くの新興国大都市では，鉄道整備推進の前にモータリゼーションが激化し，道路整備も追いつかない中で，混雑が悪化している．都市への急激な人口集中は貧富の差の拡大にもつながり，公共交通イコール貧しい者の乗り物になっている．加えて教育水準の問題等のため行政システムに問題が多く，土地利用規制，建築規制，社会基盤整備や維持管理は容易ではない．以上のような状況下で，大都市において鉄道整備を推進することは容易ではなく，日本等先進国の積極的な関与が必須となる．タイのバンコク都で，大規模な都市鉄道整備が推進されたことには，さまざまな背景があるものの，画期的な結果として評価できる．なお，この事例でも自家用車からの交通手段転換は，道路渋滞を緩和させるレベルには到達していない．それでも，定時性の高い移動が保証される場面が市民生活の中で増加したことの意義は大きい．

　新興国の中規模都市（人口100万人以下程度）は要注意である．現時点ではバンコクやジャカルタのようにクローズアップされていないが，軌道系交通機関を入れるのは，財政的に困難で，そうなるとバスをベースとしたBRT（Bus Rapid Transit）が選択肢になるものの，この規模の都市では，在来型バス路線が存在しない，あるいはきわめて貧弱であることが常である．そこで，その体制

強化から取り組むことが必須である．今後，多くの中規模都市で都市交通問題が深刻化することは想像に難くない．

8.2 都市交通の考え方

(1) 手段転換メカニズム

新興国の都市交通問題では，自動車や都市によってはオートバイの激増からの脱却が課題となることがほとんどである．そのためには，自動車やオートバイ利用者の手段転換 modal shift が重要となる．

議論を単純にするために，自動車とバスの2種類の交通手段だけしかない都市を想定する．自動車利用者にもバス利用者にも captive user と choice user がいる．前者は，その手段に固執している，あるいは固執せざるを得ない人たちで，後者は，選択的に利用している，あるいは転換の余地のある人たちである．多くの都市では，バスの choice user が，所得の増加などによって自動車の choice user に転換し，まもなく自動車の captive user に昇格（降格？）してしまう．しかしながら見かけ上は，市外から多くの人口が流入し，新規住民の少なからずの人数がバス利用者になるので，総量としては，バス利用者は減少しない．一方で道路混雑は激化する．

この現象の打破のためには，戦略的に手段転換を誘導する必要がある．具体的には，バスの choice user が自動車利用に転換することを防ぐこと，かつ，自動車の choice user をバスに転換させること，加えて，新規住民をバスの captive user に誘導すること，この3つのことが実現できれば，人口増に対して道路混雑を悪化させることはない．実現のためには，誰が choice user で，それぞれの転換はどのようにして実現できるのか，ダイエットのリバウンドではないが，効果を持続させるためにはどうすればよいのか，を綿密に企画する必要がある．この作業は，マーケティングの手法と酷似しているといえる．

多くの新興国の都市では，バスに対して，汚い，臭い，遅い，交通事故が多い，車内の治安が悪い，という劣悪なイメージ付けがなされているため，BRT導入に際しては，従来のバスとの差別化に最大限努力するとともに意向調査や，その結果に基づく分析において，さまざまなバイアスがかからないような工夫が必要になる．

(2) 手段転換のためのマネジメント技法

交通計画にかかるマネジメント技法は，表8-1のように整理できる．自家用車やオートバイからの手段転換を促すためには，受け皿となる公共交通が魅力的かつ効率的になる必要があるとともに，需要サイドのマネジメントも必要になっ

表 8-1 交通計画におけるマネジメント技法

No.	方向性	やり方	用語	
1	供給能力向上	新規施設導入	特になし（昔ながらのアプローチ）	
2		既存施設性能向上	Transportation System **Management** (USA) 交通システムマネジメント	Comprehensive Traffic **Management** (UK) 包括的交通管理
3	需要集中削減	移動者に行動変更要請	Transportation Demand **Management** (USA) 交通需要マネジメント	
4		移動者の意思決定にかかる態度や意識への刺激とコミュニケーション	Mobility **Management** (EU and Japan) モビリティ・マネジメント	

てくる．相対的に自家用車やオートバイを不便にする施策との組合せとともに，態度の変容を促すモビリティマネジメントの発想も必要になる．ただし，先にも述べたが，公共交通＝貧困層の乗り物という深く染み付いた認識を覆すためには，さまざまな努力が必要となる．

8.3 都市交通の先進的事例

本節では，海外の注目すべき事例を取り上げ，特に新興国の都市交通の文脈でどのように読み取るべきか考察を加えた．

(1) 地区内居住環境
■ ラドバーン（図 8-1）
近隣住区論を具現化したものとして知られるアメリカ合衆国ニュージャージー州のラドバーン住宅地は，スーパーブロック，クルドサック（袋小路），歩行者

図 8-1　ラドバーン住宅地

動線の完全分離で知られ，歩車分離の道路システムをラドバーン型と呼ぶようになった．通常の開発に比べると歩行者専用道路の分だけ道路用地が余計に必要になる．

新興国の大都市において，郊外にこのような住宅地を建設する場面はないわけではないが，むしろ，既存市街地において道路運用の見直しを行う際に，歩行者専用空間を導入する際の考え方として学ぶべきものといえる．

- **デルフトのボンエルフ（図 8-2）**

1970 年にオランダのデルフト中央駅裏側の住宅地で実験的に導入されたもので，直訳すれば生活の庭になるが，歩車共存道路として世界的に知られるものである．自動車の走行速度を下げるべく，ハンプやシケインを導入し，駐車位置を適切に設定することで駐車の整序化も達成し，住民の憩いの空間も確保したものである．近年欧州で注目されている shared space の発想の原型と位置づけられる．

限られた道路空間の中で，機能を共存させる発想は，新興国の既存市街地においてさまざまなかたちで応用できるものと期待できる．

図 8-2　デルフトのボンエルフ

- **欧州の交通静穏化**

ボンエルフは，歩車分離での動線確保よりは，既存市街地への適用という点で現実的ではあるものの，さまざまな要素を組み込むことにより設計は贅沢になる．それもあって，ボンエルフの考え方は欧州では簡素化していき，住宅地内部で，自動車の速度を下げる＝静穏化するという方向になっていった．これを交通静穏化 traffic calming と呼ぶ．この発想は，新興国の都市交通においてもとても重要で，ブキャナンレポートに基づく道路の段階的構成に整合するよう道路網を再構成していき，地区内道路では，徹底的に交通静穏化を実施していくことが必要である．

第8章 都市と交通

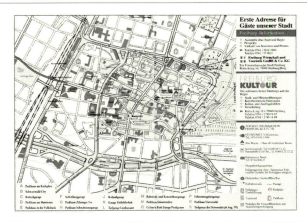

図 8-3　フライブルクの図面（出典：フライブルク市役所資料）

(2) 歩行者優先の都心地区交通管理

　新興国の都市の中心部において，歩行者のための空間の確保はこれからの重要な課題である．気候条件があるとはいえ，歩きやすい空間の質と量の向上は必須の課題である．

　ドイツの小都市フライブルクでは，1970年代に大規模な社会実験を経て，約500m四方の都心地区の歩行者専用化を実現した（図8-3）．実際には，時間帯を区切って，商店への商品搬入などの車両は許可を得て進入できる．また，地区を十文字に交差する道路上は，路面電車とバスの走行が認められている．この歩行者専用化において地区内の駐車場は移設され，すべて地区の縁に設置された．これを fringe parking と呼ぶ．自転車については，市内全体で総延長 400km 以上の専用車線が整備され，交差点などで動線が交錯する場面では自転車優先が徹底されている．大幅割引の定期券の導入等とあいまって，公共交通の利用率はきわめて高い．

図 8-4　ボゴタのシクロビア

　都心地区内で自動車移動

を不便にする戦略としては，地区内をいくつかのゾーンに分けて，ゾーン間に歩行者専用道路や公共交通専用空間を設定することで，自動車のゾーン間往来をさせないやり方がある．フランスのブザンソンの交通セルやスウェーデンのイエテボリのトラフィックゾーンシステムが当てはまる．

都心地区で歩行者や公共交通あるいは自転車を優遇し，同時に自動車を不便にする戦略は，新興国でも必要な取り組みである．歩行者天国（タイのバンコクなど）や自転車天国（スペイン語ではシクロビア）（コロンビアのボゴタ（図8-4）やメデジン，インドネシアのジャカルタなど）といった暫定的運用により地域の理解を深め，その後に本格的な導入に取り組むのも1つの方法であろう．歩行者空間の確保は，ブラ

図8-5　コペンハーゲンのストロイエ

図8-6　ポートランドの都心地区

ジルのクリチバのお花通りや韓国のソウルの清渓川の例を出すまでもなく，行政側のかなりの労力を必要とするが，それでも十分に実施検討に値する．

コペンハーゲンの都心地区ではストロイエと呼ばれる歩行者専用地区がある（図8-5）．1961年にスタートし，建築家ヤン・ゲール教授の指導のもと現在に至るまで拡大を続けている．

都心地区の道路網が格子状になっている都市は，世界中にいくつもある．わが国では京都や札幌が知られているし，アメリカ，カナダ，オーストラリア，ニュージーランドには多数あるが，スペインのバルセロナやカンボジアのプノン

ペン，ミャンマーのマンダレーなども知られている．ほぼ正方形のブロックの1辺の長さは都市によってまちまちであるが，1辺が短いほうが歩きやすいことはよく知られている．アメリカの例でいえば，1辺が50 mのオレゴン州ポートランドはとても歩きやすいといわれている（図8-6）．

ジェーン・ジェイコブズは，都心の道路は，ブロック長が短く，幅員が狭く，曲折が多く，さまざまな用途の建物があり，歴史的な建築物も多いことが望ましいとしている．格子状の道路網の都心でも，1辺を短くすることで，この理想に近づく可能性はある．ジェイコブズの考え方は，歩行者空間を尊重した都心のまちづくりのあり方にきわめて重要な視点である．

(3) 自転車交通戦略

一般に平坦な地形の都市では自転車は有用な交通手段である．歩行者との関係および自動車あるいはオートバイとの位置関係を整理することが必須条件となる．

交通計画の中では，これはどの交通手段についてもあてはまることだが，誰にどのようなシチュエーションで自転車を利用してもらうことが都市として望ましいのかを決めていく必要がある．そこが明確になると，次は自転車の走行空間の確保が課題になる．わが国は，いわゆる交通戦争といわれていた1970年代に，緊急避難措置として，自転車を歩道走行とした少数派の国である．そしてそのわが国も21世紀に入って，再び，自転車は原則車道走行という考え方に戻した．しかしながら，既存の都市空間の中に自転車のための空間を新たに確保するためには，何かを減らさなければならない．道路空間を増やすことは民地部分を減らすことになる．道路空間を増やさないのであれば，歩道か植樹帯あるいは自動車のためのスペースを減らすことが必要となる．ここで，空間利用の優先順位についての政策判断が必要となる．ミャンマー第二の都市マンダレーでは，従前は，自転車専用空間が存在していたが，オートバイにとって変わられ，現在では完全に撤去されている．このように，多くの都市で，結果的にはいつも自動車が最優先されてきている．特に新興国において，自動車を優先しない政策判断ができるかどうかが問われている．

自転車についてのもう1つの新しい動きは，自転車シェアリングである．欧州ではじまり，日本でも実施例が増加しつつあり，最近では，中国の深圳，台湾の台北やタイのバンコクでも導入された（図8-7）．新興国の大都市でも，利用者イメージを明確にし，どのような交通手段転換，交通行動変更を期待するか，それが社会的にどのように効果的か，十分に議論されれば，応用可能性は高いといえる．

すでに個人用自転車保有率がきわめて高いわが国では，個人用自転車による違

法駐輪問題の解決を狙っている例が多いが，そもそもの欧州の事例等は，むしろ反対で，シェアリング自転車利用をきっかけに自転車を普及させ，個人用自転車も増やそうという発想である．そして，普及のために自転車専用走行空間の増強にも積極的で，多車線道路の車線の一部分や路側駐停車スペースを転換して，自転車の走行路やシェアリングステーションの設置を行っている．公共交通ネットワークの端末輸送システムとしても応用可能性は高く，財源確保を工夫した上での導入が期待される．

図 8-7　バンコクの自転車シェアリングシステム

(4) 公共交通の考え方
■ 公共交通優先方針

　公共交通の定義は実際のところ曖昧である．原則的には不特定多数が利用できる公共性の高い輸送システムで，鉄道，LRT，BRT，バスはもとより，前項の自転車シェアリングシステムやカーシェアリングシステムも公共交通の一種といえる．新興国の多くの都市にある中間的公共交通手段あるいはパラトランジットと呼ばれるものも公共交通である．

　都市の交通計画の中で公共交通をどのように位置づけるか，環境問題や福祉問題，交通事故の問題，道路渋滞の問題を考えれば，政策的な優先順位は高く設定されることになる．実際に明確に宣言した事例としては，スイスのチューリヒ，カナダのトロント，最近ではコロンビアのボゴタを挙げることができる．

　チューリヒでは，1979 年に遡るが，住民投票によって，公共交通優先の政策推進の是非が問われ，過半数により公共交通優先が選択された．その後は交差点の信号制御，車線運用などで，渋滞緩和ではなく公共交通定時性確保が政策的に優先され，市内の路面電車やバスは渋滞に巻き込まれることがない．

　トロントでは，1970 年代に，transit first（transit は北米の英語では路線とスケジュールの決まっている輸送サービスを意味し，通常の鉄道やバスが該当する）というスローガンのもと，公共交通への投資を優先的に行うことを決定し，地下鉄整備等を推進した．このスローガンは，その後，同じカナダのバンクー

バー，近隣都市であるアメリカ合衆国オレゴン州ポートランドなどに受け継がれていった．

ボゴタでは，歩行者と自転車と公共交通重視を市長が宣言し，歩行者空間や自転車施設と連動して BRT が整備されていった．

- **都市鉄道と TOD**

新興国の大都市では，地下あるいは高架の都市鉄道整備事例が増加しつつある．需要があり財源が確保されている限り，都市鉄道は必要かつ効果的な交通システムといえる．しかしながら，誰に乗ってもらうべきか，どのような交通行動変化を期待するべきか，そのために何を付加するべきか，丁寧な計画検討推進が必要である．自家用車やオートバイを利用している層からの転換を期待するためには，端末輸送と治安確保，ステイタスイメージの醸成が必須になる．端末輸送については，郊外側はパークアンドライド（モーターサイクルアンドライド）施設整備の重視，都心側はパラトランジットの活用が期待される．鉄道駅前広場整備においては，日本の教科書にあるような視点よりもなによりも，まず上記のようなニーズに対応した空間設計から行うべきであろう．バンコクの MRT のラプラオ駅のパークアンドライド駐車場など交通行動変化を起こした事例から学べることが多い．

また郊外駅では，駅を中心として，業務や商業，医療や教育文化施設を集約し，そのまわりに集合住宅や戸建住宅を適切な配置する空間構成の公共交通指向型開発（TOD：Transit Oriented Development）を実践することで，自家用車やオートバイ利用からの転換を促す戦略も期待される．日常的な生活空間が駅のまわりの徒歩圏域になることで，住民の日常生活における自家用車やオートバイ

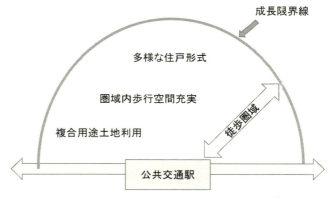

図 8-8　TOD の概念図

の位置づけは変わってくる．TODというと鉄道駅前の高層マンションをイメージしがちであるが，歴史的にはアメリカ人建築家ピーター・カルソープに始まり，アメリカ政府による世界各国事例の調査成果をもとにした結論として，公共交通駅徒歩圏，複合用途の土地利用，多様な住宅形式，歩きやすい街路網設計，が必須条件といわれている．

■ BRT

都市鉄道の導入に財源的な制約がある場合，BRT（Bus Rapid Transit）は有用なオプションになる．都市の発展方向にあわせて線状の都市空間をデザインしその背骨にバス専用道路を設定し，同時にバスの運営体制を抜本的に変更したブラジルのクリチバ市は，新興国BRTのルーツとして尊重されるべき事例である．クリチバから学び，クリチバのようにバスの運営改革を断行した韓国のソウルは，公共交通のステイタスを変革させることに成功した素晴らしい事例である．クリチバで普及したプラットフォーム型バス停（駅）を原案に，バスの輸送能力などのバスの性能向上に徹底的に取り組み，情報技術の活用も組み入れ，治安が良く速度の速いBRTを実現したボゴタは，その後の中南米をはじめとする多くの新興国都市のBRTのモデルとなった．ボゴタでは，クリチバのような市内全域での運営改革は行っていない．一方で，都市圏でのガソリン税値上げおよびその税収のBRTへの活用，ナンバープレート番号による流入規制，年に一度のカーフリーデー，毎週日曜の自転車天国（シクロビア），都心の歩行者空間整備など，総合的な取り組みで，自家用車からの転換に成功している．東南アジアでは，ジャカルタのBRTやバンコクのBRTが知られている．前者は，数年間で170 km以上におよぶバス専用道路を建設した点では世界最速のインフラ整備成果といえるが，車両数が多くなく違反走行車が多い．ピーク時には待ち行列ができるほどの利用者数ではあるが，自家用車からの転換はそれほど進んでいない．バンコクの場合は，在来バス路線との調整ができていない等の問題はあるが，ピーク時の混雑は著しい．いずれの事例もボゴタに比

図 8-9　クリチバ市の BRT

べればきわめて低頻度で（ピーク時バス運行間隔は，ボゴタが10秒，ジャカルタは2分から5分，バンコクは5分から10分）あり，存在感は高くない．現在BRTを建設中あるいは構想中の都市は多いが，繰り返し本章で述べているように，誰にどのように使ってもらいたいのかを明確にすることと，当面の目的は渋滞緩和ではなく，定時性の高い移動手段を市民に提供することであって，BRT導入による並行車線の渋滞悪化は当面我慢してもらうような政策判断もあり得る．

■ LRT

世界的には都心再生のための交通戦略の中でLRT（Light Rail Transit）導入を進めている都市は増えている．新興国の都市でもエチオピアのアジスアベバやコロンビアのメデジンが知られている．メデジンの場合には，道路幅員の制約によりバスではなくLRTが選ばれた（バスの車体幅2.55 mに対して同市に導入されたLRV（Light Rail Vehicle）の車体幅は2.3 m）．最大12％の急勾配があるため鉄輪でなくゴムタイヤ走行の機種になっている（図8-10）．

図8-10 メデジン市のLRT（試験走行期間）

■ パラトランジット

パラトランジットは，北米では，福祉用送迎システム（Special Transport Systems）の通称であるが，一般的には中間的公共交通手段の意味で用いられ，中型から小型の車両を用い，バスやタクシーのような機能を有するさまざまな乗り物の総称である．フィリピン各都市のジープニーは路線が決まっている点ではきわめてバスに近い（図8-11）．タイのシーローレックは，一部地域では走行区域を限定しているタクシーのように用いられている（図8-12）．このようにその運用形式は多様であり，パラトランジットをいっしょくたに扱うことは避けるべきである．熱帯地域などで短距離移動を支援するシステムとして機能している現実を尊重して，現代的な交通体系の中での活用を考えることが期待される．一部

8.3 都市交通の先進的事例

図8-11 フィリピンのジープニー

図8-12 バンコクのシーローレック

国家では，後進国の象徴という政治見解があるようだが，きめ細かなサービスを効率的に実施して地域に根付いている先進的なシステムと認識するべきである．
　しかしながら，法制度上非合法な場合，財務会計上インフォーマルセクターの場合，運転者技量の問題から安全性に懸念がある場合，マフィア等とつながっていて治安上の懸念がある場合，などの事例も多く，見直すべき課題も多い．スマートフォンにみられる近年の情報通信技術を援用することで解決し得る点も少なくないと思われる．

■ シェアリングシステム
　カーシェアリングや先の自転車シェアリングは公共交通の一種と見なすことができる．本来的には公共交通と親和性が高く，運営の面でも，わが国でtimes plusというカーシェアリングの運営が鉄道事業者と連携していることや，ドイツ鉄道DBが，call-a-bikeという乗り捨て型自転車シェアリングを運営するなど，公共交通と連携したサービスを一体的に運営する方向性が期待されている．新興国の多くでは，自家用車を保有することの意味がきわめて大きく，自動車がステイタスシンボルになっている．当面，自動車の共有，共同利用という方法は馴染まない懸念がある．しかしながら，小寸法の車両や，電気自動車などさまざまな車種が用意されるカーシェアリングを経験することで，自動車と賢く付き合っていく考え方を育て上げていくという視点に立てば，新興国大都市で，鉄道整備やBRT整備と連動してカーシェアリングを少しずつ政策サイド主導で導入していくという戦略はあり得る．水力発電の豊富な都市での電気自動車シェアリングは有望なアイデアの1つであり，パリのオートリブでのビジネスモデル（当初市が施設負担をし，12年間運営会社が道路占有料を支払うことで市負担額が相殺され，結果的に市の負担はゼロ円になる）等が参考になる．

8.4 新興国での課題

　最後に，新興国の都市での交通計画を想定して，筆者の見解をまとめておく．きわめて多い質問に，○○万人規模の都市に地下鉄は必要か，あるいは BRT で大丈夫か，というのがある．一概に人口規模だけでは必要性は語れない．都市の地勢形状と人口および雇用の張り付き具合で決まってくる．人口数十万の都市でも，鉄道を背骨部分に導入することが意義ある都市もあれば，人口 200 万人以上でも BRT 数路線で十分に機能し得る都市もある．ケースバイケースで検討していくしかない．

　都市鉄道は，それなりの路線延長を必要とし，かつ都市全体の空間構成と大きく連動している．また，導入位置としては，広幅員道路上の高架あるいは地下，さもなければ在来鉄道の上部あるいは地下を選ぶしかない．多くの都市では，道路沿いに都市が発展しているので，前者の場合には利用者確保や都市開発との連携は比較的容易といえる．ただし，この場合，日本の新交通システムで駅前広場建設が容易ではなかったように，駅を交通結節点として設計するための空間確保が難しくなる．以上も踏まえて，財源運営目途が立つ場合に，鉄道新設は意義があるといえる．

　既存の鉄道インフラがしっかりしている場合に，まずこの再生から考えるべきであろう．ミャンマーのヤンゴンが典型例であるが，植民地時代の 1957 年に全長 50 km，全線複線，都心地区完全立体交差の鉄道が建設されている．その後の経過の中で，線路整備状況も車両も劣悪な環境下に置かれてきたが，この存在を無視して，MRT，LRT，BRT などの計画が数々立案されてきたことは，きわめて情けないといわざるを得ない．ヤンゴンでに現在各方面から鉄道再生への取り組みが進められており，鉄道が再生される日に近い．現在は低所得者と一部観光客のみ利用しているが，ボゴタの BRT のように，治安と速度と定時性が向上し，駅まわりが整備されてアクセスサービスが向上することで，鉄道利用は激増することが期待される．

　新規に鉄道を導入する財源裏づけが厳しく，既存鉄道インフラにも恵まれない都市では，モータリゼーションの進行速度に負けない速さで，BRT を導入することが急務である．道路インフラも十分でない場合は，ボゴタのように自動車利用者からの税金で BRT 整備財源を確保するとともに，BRT は渋滞緩和のためではなく，定時性の高い移動選択肢の提供のための政策という認識を共有して，専用の走行路を確保する必要がある．

　なお，新規の鉄道，在来鉄道，BRT，いずれの場合でも，それらが市内全域を網羅するわけではなく，路線バスの役割は大きく残ることになる．したがって，バスの運営体制の抜本改革は必須項目になる．タクシーと異なり，一定の路

線を往復するだけのバス運転士には，乗客増強の直接的な努力の余地はないのだから，バスの運転士の給与が，当該バスの利用者数と相関するかたちで設定されるのは言語道断である．バスの運転士は安全に正確に運行することがミッションであり，彼らの給与はそこで評価されるべきであり，バスの利用者数は，バス路線やサービス内容を決定した者と都市全体の交通計画を策定した者の責任になる．給与を連動させるべきはむしろ，彼ら意思決定者になるといっても過言ではない．

8.5 おわりに

本章では，都市交通計画の基本的な事項について，先進国を含む海外事例に言及し，新興国での都市交通のあり方にも踏み込んで議論を展開した．十分に説明しきれていないところは少なからずあるが，交通計画については多くの良著があるので，それらを参考にされることをお勧めする．　　　　　　　　　　［中村　文彦］

【参考文献】
大蔵泉（1993）『交通工学』コロナ社．
太田勝敏（1988）『交通システム計画』技術書院．
太田勝敏（1998）『新しい交通まちづくりの思想：コミュニティからのアプローチ』鹿島出版会．
岡並木（1981）『都市と交通』岩波書店．
新谷洋二編（2003）『都市交通計画 第2版』技報堂出版．
中村文彦（2006）『バスでまちづくり：都市交通の再生をめざして』学芸出版社．

第9章
都市貧困層の居住形成と政策・支援

　「住む」は英語で"to live"であるが，これは「暮す」でもあるし，「生きる」ことも意味する．これらは不可分の概念だ．国際人権法は，このような意味において，「住まいの権利（the right to housing）」とは，単に頭上に屋根を持つとか，住宅を商品とのみ見なす，のではなく，「いずれかの場に，安心して平和にかつ尊厳をもって住む（to live）権利」（国連社会権規約委員会「一般的意見4」1991）であるとしている．ここでいう「住む」営みの空間的表徴としての築かれた環境（built environment），さらにそれを支える諸条件やシステムを，人間居住（human settlement）あるいは単に「居住」という．

　人類の定住（settlement）社会の始まり以降，人々自身による居住の形成は，多くの苦闘を伴いながらも，続いている．これに対し，制度的な都市環境改善の一環として公的住宅供給が始まったのは，イギリスでたかだか19世紀後半からであるし，「南」の国々（Global South）の「開発」が援助として開始されるのは，第二次世界大戦後の冷戦構造の下で「北」側の外交戦略としてであった．住宅政策も開発援助も，まずその土地の人々の昔からの営みや工夫を学ぶことから出発しなくてはならないはずである．

　「スラム」は，中国語では「貧民窟」であり，英語の語感もこれに近かろう．日本でも都市＜問題＞として除却の対象とのみ見なされがちである．しかし以下で用いる「スラム」のイメージは，まったく異なるものだ．そこに住む多くの人が，露天商や，車夫や，ゴミ回収業など「インフォーマル経済」に従事するが，これは必ずしも「違法」な活動ではなく，むしろ近代産業の成立以前からの多様な生計の試みと民衆のネットワークが，グローバル化された産業構造の中で再生されながら息づいている世界だと言っていい．同様に「スラム」は，住宅の産業化と都市開発の制度化の以前から続いてきた人々の居住形成の営みが，現在もなお産業化と制度化の枠外で展開され，貧しいとはいえ住民自身による都市生活構築という＜解決＞と，貴重な低所得者用住宅ストックの蓄積がみられる世界である．

9.1 都市居住の課題

　近代都市では，居住形成は制度的になされるのが「正常」とされている．市場機構を通じて土地を入手し，法規制に従って建築を認可され，事業者との契約に

9.1 都市居住の課題

よって水や電気を確保し，定時に職場に出勤して定給を得て，その貨幣を媒介に生活物資を手に入れる．逆に都市の居住貧困は，制度へのアクセスの剥奪や市場からの排除によって生じるのである．特に南の国々では，構造調整援助の1980年代とグローバル化が進展した90年代を経て，政府機能が弱体化し，土地も住宅も飲料水も医療ケアも商品化の流れが激しい．

当然ながら，こうした新自由主義的近代化に抑圧される多くの人々がいる．直接的には，都市再開発や大規模事業によるスラムの強制追い立てが頻発し，暴力化した．間接的には，貧困層にそれなりの居住空間を提供していたインフォーマルなメカニズム（公有地占拠，非合法宅地開発，錯綜した保有関係，同一空間の複数家族による交替使用，不安定な賃貸契約，血縁者の呼び寄せ等）に基づく住まいがフォーマル化・商業化され「不動産」として一般市場に突き出された結果，スラム居住層が経済的・制度的に住む場を失っていく．

都市貧困層の多くは，「スラム」や「スクォッター地区」と呼ばれるインフォーマルな居住地に住んでいる．「インフォーマル居住地」とは，近代法上は認められぬまま公有地や他人の私有地を占有していたり，宅地・建物が都市計画・開発法制・建築基準などに照らして違法ないし無認可であったり，あるいは規制法令がなくとも一定の「近代的」規範に対して住まい方（立地，密度，共同施設の態様，単体の設備や建築材料など）が「異常」とされるような居住地をいう．その「違法」性や「異常」性を判断するには，法や規制や規範の側の適切さを見極めることも必要となるわけだ．

スクォッター（squatters）とは，近代的土地法の下で認められる居住権を有さぬまま公有地・民有地に定住している「無権利居住者」である．各地に残る慣習法やイスラム法の下では遊休地を実質的に利用することが認められていたこともあり，土地占拠の「違法」性が住民自身によって強く自覚されない場合もある．また，政府の土地分類指定や法制度の変化，あるいは地主の交代によって，それまでの正当な居住者が突如スクォッターと見なされるようになることもある．スクォッターが集住している地区が「スクォッター地区」である．

スラム（slum）というのは，立地や物的環境が低水準にあって，主として低所得層からなる居住地の総称である．その意味ではスクォッター地区もスラムの一種である．ただしスクォッター地区とスラムとを区別して扱うこともある．その場合には，土地保有条件の「無権利性」を最大の特質とするスクォッター地区に対し，法的に土地の所有や借地・借家を認められているか，あるいは地主との一定の合意の下に居住しているにもかかわらず，生活環境上の困難のある居住地をスラムという．しかし「地主との合意」もきわめて短期であったり，再開発までの口約束，といった不安定なものも多く，スクォッター地区とスラムとの区別はしばしば難しい．

国連専門家会議（2002年10月，ナイロビ）に，「スラム」の推計作業上の定義として「安全な水の入手困難，衛生設備などインフラへのアクセスの悪さ，住宅構造の質の貧しさ，過密，不安定な保有条件という5特徴を何らかの程度に合わせ持つ地区」としている．これに基づき，2001年時点における「南」世界のスラム人口を8億7,000万人（都市人口の43%）と見積もった（UN-Habitat, 2003：14）．数値はその後修正もされているが，国連ミレニアム開発目標（MDG）の達成を測るベンチマークの1つとなった．

MDGの目標年次は2015年だったが，「少なくとも1億人のスラム居住者の生活を大きく改善する」という目標については，例外的に2020年がゴールとされた．他の目標に比べてきわめて控えめな数値ではあったが，国連統計によれば，10年前倒しですでに達成されたという．その結果は特にアジアにおいて顕著であり，2000年から2010年までの間にスラム人口は，東アジアで1億9,200万（都市人口の37%）から1億9,800万（同28%）に，南アジアで1億9,400万（46%）から1億9,100万（35%）に，東南アジアでは7,800万（40%）から7,700万（31%）になったという[1]．これからは貧困そのものよりも格差に注目すべきだと主張されている（UN-Habitat, 2008）．

これら数値の妥当性には大きな議論の余地があるものの，アジア都市で少なく見積もっても概ね3割の住民はスラム居住者であり，モンゴル，ネパール，パキスタン，タイ，フィリピンなど多くの国でスラム人口の絶対数は増加していることに留意したい．

1　UN-Habitat（2013）による．「東アジア」「南アジア」の集約データは，それぞれ中国とインドが圧倒的な比重を占めていることに注意．しかもこれらデータの信頼性はあまり確かでない．前述の国連専門家会議の定義のうち「保有条件」に関わるデータに入手困難なので，他の条件のみを満たす地区を対象に国レベルの統計データを集約している．特に中国では，2012年段階で1億6,300万といわれる農民工が農村戸籍のまま都市内で老朽過密の寄宿舎や「城中村」（第3章参照）等の低所得者居住地に暮らしているが，そのほとんどはスラム統計に現れていないとみられる．また中国に限らず，スラムの強制撤去によって「見えなくされたスラム」も大きな数にのぼる．インドのセンサスでは，概ね60戸以下の小スラムは計上されず，小規模州や，法令上の「都市」以外の都市化地域はそもそもスラム調査の対象外である（Ellis and Roberts, 2015）．さらに「水や衛生設備などへのアクセス」も，そう銘打たれた設備があれば質を問わずカウントされる傾向があるし，実際に個々の世帯が共同施設へのアクセスを得られているかどうかを，センサス調査員が地区内に立ち入って細かく調べているとは言えない．同様に「貧困」そのものも，MDG報告によればアジアは解消に大きく成功してきたとされるが，根拠となる各国の「貧困線」がスラムの生活の実情を反映しているかどうか，きわめて疑わしい．アジア5カ国のスラム住民自身による貧困線調査に筆者も参加したが，世界銀行による「1日1.25ドル」水準を多かれ少なかれ踏襲している国の貧困線と，住民による生活実態自己調査の結果とは大きな乖離があった（ACHR, 2014）．スラムと貧困の広がりは政府や国際機関によって過小評価されている可能性が大である（Mitlin and Satterthwaite, 2013）．

現代のアジアの大都市は，古典的な経済地理学が描くような農村後背地との相互作用よりも，海外市場との関連で拡大している．もとより原料供給地として植民地関係に組み込まれたのは大航海時代以来だが，グローバル化による特徴は，多国籍企業が領導する輸出向け工業生産・出荷の機能である．それに伴い大都市には周辺諸国からも移民が流入し，階層対立・民族対立を尖鋭化させている．

都市インフォーマル居住地の改善は，誰もが適切な住まいをもつという人権の観点や，持続的な都市を形成するという環境の側面で重要なばかりでなく，都市内の分断を克服する包摂的な社会構築のためのアプローチとして政策課題に掲げられるものである．

図9-1 パキスタン・カラチ近郊のインフォーマル居住地の子どもたち

9.2 居住政策と居住運動の展開

(1) 公的住宅供給の限界

アジアの都市化が加速し始めたのは1950年代からで，それとともに各地にスラムが目立つようになった．1960年代を通じて都市政策の関心はインフラ整備にあり，スラムは除却ないし強制撤去の対象と見なされた．インドでは1956年にスラム地区法ができて，デリーなど連邦直轄都市での除却再開発が進んだ．タイでも初めてのスラム関連法として1960年にスラム除却法が成立した．ソウル市は1966年に13万6,000戸を除却する3か年計画に着手した．

1970年代になると，国際援助機関の後押しで，各国に住宅専門機関が設立されていった．インドの住宅都市開発公庫（HUDCO，1970年），タイの住宅公社（NHA，1973年），インドネシアの都市開発公団（PERUMNAS，1974年），フィリピンの住宅公社（NHA，1975年），やや遅れてスリランカの住宅開発公社（NHDA，1979年）などである．これら新組織の初期の目的の1つは，低所得者向け完成住宅の公的供給にあった．

しかし多くの国で，この政策はスラム住民の居住改善にはほとんど成果を上げ

なかった．①貧困層に購買可能な価格・家賃で住宅供給するには莫大な補助が必要であり，それは政府の財政能力からは困難だった．②そこで巨大な需要に対してごく少数の対象に資源を集中投資することになるが，これは政治的に不合理である．③輸入資材やシステム化された建築部品は，入居者自身による補修や拡張を困難にした．④スラム街の裏庭で鶏を飼ったり軒下に店を広げたりする伝統的な生活スタイルや生業上のニーズに，積層構造の設計が見合わないということもあった．また，⑤定収のないスラム住民にとって定期的な家賃支払いは難しく，それがコスト回収を困難とし，維持管理の問題も発生した．⑥入居が抽選でなされてコミュニティが解体されることも，住民による管理を難しくした．⑦入居後に部屋を転売・賃貸して中間層に譲り，スラムに舞い戻るケースが後を絶たなかった．

つまりスラム住民の蓄積してきた文化や経済に，トップダウンの住宅供給はマッチしなかったということになろう[2]．アジアの住宅専門機関は発足後ほどなく，こうしたジレンマに直面して慌ただしく方針転換，公的住宅供給は貧困層よりも主として中間層向けの施策となった．

(2) セルフヘルプの政策的取り込み

完成住宅の公的供給に代わって登場したのは，住民によるセルフヘルプ住宅建設を支援する施策であった．サイト・アンド・サービス（小規模敷地に低価格でミニマムな基盤整備を施した宅地を低所得者に分譲し，住宅の自助建設を促す），コア・ハウジング（宅地に加え，さらにトイレや水回りのユニット，配管，床，外壁，場合によっては屋根まで建設したスケルトンを提供し，居住者に完成させる），スラム改善事業（スラム住民を移転させずに，サービス施設などの物的環境改善を行う），土地正規化事業（無権利の土地に居住している住民の保有区画を画定し，合法化する）などに代表される．

この前提にあったのは，スクォッターとされる人々でも追い立てられる心配がなくなれば住宅改善の意欲が湧くであろう，スラム住民もミニマムな環境が整えば住宅に投資していくであろう，という洞察であった．すでにアジア各地で，散

---

[2] 公的住宅においても，コミュニティの質を確保することは不可能ではない．よく知られる例では，1980年代末にインドネシア・スラバヤ市で着手されたソンボ団地がある．高密なカンポン（低所得庶民住宅地）の再開発のための4階建ての公共賃貸住宅である．住民とワークショップを重ね，スケルトンを提供して，間仕切り・内装は各自がカンポン内で得られるスキルや相互扶助を活用して完成し，共同の炊事場や祈祷所を各階に設けて，中間層の参入意欲をむしろ殺ぐような生活スタイルを守ることに成功している．また韓国ソウルで多数の死者すら生んだ激しいスラム強制撤去を経て，再開発後の高層公共賃貸住宅に90年代から入居した住民の一部は，信用協同組合等を基盤としてコミュニティを再生させている．

発的だが地道なスラム改善事業が試みられていた．たとえばインドネシアでは，1969年からスラバヤとジャカルタで，住民と自治体の協働によるカンポン改善事業が始まり，地区内道路を舗装し，排水路をつけ，MCK（水浴・洗濯・トイレ複合共用施設）や消火設備を設けるなどの地区改善が展開した（図9-2）．ジャカルタでの事業コストは住民一人当たり13ドルだったという．

図9-2　初期のカンポン改善事業実施後の地区（インドネシア）

これに注目した世銀が途上国の都市関発関連事業に貸付を開始するのは1972年であり，その最初の融資計画の過半数はサイト・アンド・サービスであった．アジア諸国での政策転換は70年代後半になってからで，タイのスラム地区改善事業（1977年），パキスタンのカッチアバディ（インフォーマル居住地）正規化事業（1978年），スリランカのスラム・シャンティ[3]改善事業（1978年）などが次々に始まった．70年代は，マクロ開発戦略においても近代主義的開発路線が批判され，多様なオルタナティブ開発が主張された時期であった．援助機関は「ベイシックニーズ」アプローチを主張して貧困層に焦点を当て，民衆運動は中国の「裸足の医者」や，適正技術を追求する「スモール・イズ・ビューティフル」を喧伝していた．居住分野のセルフヘルプは，居住者自身による住宅プロセスのコントロールを意味していたので，貧困住民の自立的発展を支える，という時代的雰囲気の中で歓迎された．

ところが，こうした一連の居住施策の限界も間もなく露呈した．80年代後半は日本等からの直接投資により，多くのアジア諸国で経済が過熱した時期である．都市の地価は急騰した．そこで，①スラム地主は再開発の利益を求めて，改善事業を容認するよりも住民の追い立てに熱心になった．②物的改善がなされた場合でも，地代・家賃の上昇を吸収するためにスラム住宅の細分割や多世帯同居が発生し，むしろ過密を深刻にした．③雇用増進や住宅金融を伴わないために，

3　スリランカでは，都心部の高密な長屋住宅地区や老朽邸宅の多世帯分割居住を「スラム」と称し，主として郊外の公有地上に立地するスクォッター地区を「シャンティ」という．

事業後も住宅が未整備のままにとどまる例が多かった．④サイト・アンド・サービスの場合は，適地を都心近くで調達するのが難しくなり，事業の多くは遠い郊外に立地した．そのため都心の立地限定的雇用から離れにくいスラム住民を呼び寄せることはできず，これらは中産階級の住宅地となった．⑤大規模なサイト開発のための運営能力に欠けて，事業は長期化し，コストが増大する一方，入居申請や敷地割り当ての手続きが複雑で，住民の意欲を殺いだ．⑥援助機関は，途上国政府が事業資金回収もままならぬ行政能力のまま，これら貧困層向け事業を繰り返すことに苛立った．

(3) イネーブリング原則の成立

80年代中期に世銀の都市関連事業の内容は大きく変化した．サイト・アンド・サービスやスラム改善が5割を切り，代わって倍増して2割の資金量を占めるようになったのが住宅金融・自治体財政・都市サービス運営などの制度強化であった．既存の住宅機関は独立採算を強要され，スラム改善部門を縮小して，民間住宅供給支援へと向かった．政策的に強調されたのは，たとえば関連公営企業の民営化，民間建設投資の促進，開発諸規制の緩和，建設資材生産の標準化，住宅金融制度の改善，土地登記制度の整備などであった．

一方，住民による自立的な住宅建設にオルタナティブな発展への夢を託す活動家・理論家たちは，セルフヘルプを取り込んだ貧困地区個別改善事業が，標準的な施策パッケージを上から対症療法的に与えるものにとどまる限りは，持続的な住生活改善には結びつきにくいと総括した．「人々によるハウジング」（Turner, 1976）が可能であるためには，人々が住宅建設するのに必要な社会資源への公正なアクセスを持たねばならない．そのための制度的保障と政策的支援こそが，居住政策の役割と考えられた．

1988年に国連総会は「グローバル住宅戦略」を採択した．その根幹となる思想は，イネーブリング原則（enabling principle）と呼ばれる．つまり公共セクター（政府）は住宅供給者として振る舞うことをやめ，その他のあらゆる関連セクターが居住形成能力を高められるよう支援（enable）する役に徹するべきだ，ということである．そこには，新自由主義的な市場化＝住宅関連産業の促進を掲げる国際金融機関の路線と，資源アクセス支援を通じて貧困住民のエンパワメントを追求する住宅活動家たちの路線という2つの潮流が，統合されないまま流れ込んでいた．両者は，中央集権型の公的住宅供給に失望したという点においてのみ，一致していたのである．

(4) 居住運動の流れ

こうした居住政策の展開過程を考える上で，都市貧困層の社会運動としての

「居住運動」の影響を無視することはできない．アジアのスラムで強制撤去に抵抗する住民が，土地や住居やサービスを確保する運動を系統だって展開したのは 1970 年代からであった．それを導いたのは，マニラを拠点として 1971 年に活動を始めた ACPO（住民組織のためのアジア委員会）なる NGO である．アジア各国でコミュニティオーガナイザーを育て，かれらをスラムに滞在させ，住民組織をたちあげ，居住問題から発して貧困や抑圧について住民自身が「意識化」されるよう支援した．住民は行政に対峙し，さまざまな戦術や交渉を通じて，要求を獲得する．その成果は目覚ましく，マニラでは名高いトンド・スラムに隣接して数千家族の移転地を確保し，香港では船上生活者が公共住宅入居権を獲得し，ムンバイでは世界最大級のダラビ・スラムでの改善事業を引き出した．

しかし 80 年代になると，東南アジアでは開発独裁型の強権政治が次第に崩れていった．南アジアではポピュリスト政治の傾向が強まった．スラム住民は新しい文脈の中で，一定の活動空間を見出すようになる．こうして「対決し，獲得する」運動スタイルは変質を迫られた．たとえば，マルコス大統領を放逐したフィリピン新政権の下で成立したコミュニティ抵当事業（CMP）は，新政権に迎え入れられたかつての活動家たちが，それまでセブ市で NGO として試みていたスラム再定住活動を全国的に制度化したものであった．曲折はあったものの，その後の 20 余年の間に 30 万以上のスラム家族が CMP を通じて共同で土地所有権を確保し，居住条件を改善した．

南アジアでも 80 年代に，世界的に大きなインパクトを与える居住運動が始まった．1 つはグラミン銀行（バングラデシュ）を象徴的存在としたマイクロクレジット運動である[4]．グラミン銀行は 1976 年に実験プロジェクトとして開始されたが，1983 年に銀行と認定され，翌年には住宅融資にも着手した．貧困住民の「意識化」から始めるのを否定し，まず誰もが人権として小口融資にアクセスできるよう，銀行という制度を（町までバス代かけて行かずとも，担保資産を持たずとも，貧しい女性といえども，ローンを得られるという銀行に）変えることにより，貧困者の生活が大きく変わりうることを示したのであった．

初期のグラミン融資は貯蓄活動を前提にしていなかったが，90 年代以降，アジアの農村ばかりでなく都市スラムにも，貯蓄をベースとする融資活動と居住改

---

4 マイクロクレジットとは，貧しい人々を組織化し，無担保の小口融資を提供する活動．多くの成功例は女性の組織化に基づいて行われている．融資だけでなく，貯蓄や保険，送金など多様な金融サービスを提供するものは「マイクロファイナンス」という．外部機関による貸付けでなく，住民自身が相互融資により活動する場合，グループ貯蓄を出発点にすることが多い．これをリードしてきたのは，ムンバイのスラムから出発してアジア・アフリカを覆うネットワークとなった Slum Dwellers International（SDI）であり，後述の ACHR にも影響を与え，かつ協働して，居住改善活動を展開している．

善が急速に拡大した．失敗例も少なくないが，「意識化」路線の下でのコミュニティ組織化活動に比べ，特に女性を中心とするマイクロクレジット組織は，明らかに持続性に富んでいた．

もう1つの注目すべき活動は，カラチ（パキスタン）のオランギ住民下水道事業であった．ACPO型の運動がいわば「公共性の拡大」を目ざして対行政闘争を展開したのに対して，これはスラム住民が，組織化によって独自の空間や居住システムを形成していく「公共性の創出」ともいえるものだ．

カラチの郊外住宅地の多くは，インフォーマルな都市形成（第3章参照）の1つの典型といえる．宅地ブローカーが公有地を占拠し，非合法に分割し，低所得者に安く販売したものである．区画割りのみで基盤施設を欠くゆえに，貧困層にも購買可能なのである．人々は定住した後に，組織をつくり，要求をまとめ，市役所やバス会社や給水車業者と交渉し，あるいは共同出資で，インフラやサービスを整備していく．この整備も，漸進的ゆえに，住民のニーズと経済力に見合って進展するのである．

(5) **オランギの衝撃**

カラチ西北部のオランギ地区もこのようにして開発され，80万人が住むようになった．しかし排水施設は放置されていたので，汚水が路地にたまって，歩くことも容易でない状態であった．下水道は明らかに公的事業であり，まさにそれゆえ政治的支配の道具とされて未整備のままだったのである．OPP（オランギ・パイロット・プロジェクト）と呼ばれるNGOがここで活動を開始したのは1980年であった．住民とのたんねんな話し合いの後，下水管敷設を取り上げることが住民の組織化に最も有効であることが見出された．CPPは路地ごとに住民の組織化を手伝い，路地管敷設の技術指導を行った．住民はお金を出し合って家の前の路地を整備した．工学的には非常識にも「末端」の側から始まったこの運動は，やがて路地管を接続する二次管に及び，人々は街をおおう巨大なネットワークを建設したのであった（図9-3）．

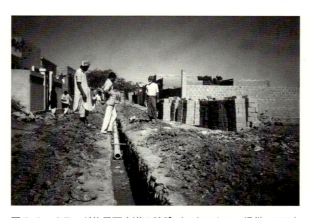

図9-3　オランギ住民下水道の建設（パキスタン，提供：OPP）

すなわちマスタープランに従って下水幹線から枝線へと下降的に工事していく官僚都市計画とまったく反対に，住民はまずトイレと目の前の路地を整備し，それをつなぐことで，逆に行政による終末処理への社会的圧力を高めていったのである．行政がやってくれるのを待つ前に自分たちで解決へと歩みだし，本来行政がやるべき仕事を「奪って」住民がそれに代わる自治能力を見せてこそ，初めて本当に行政と対等に対話ができる，住民と行政との不平等な関係に変化がきざす，今ここで始めればよい，なぜ権力がやってくれるのを待つ必要があろうか．それが OPP のメッセージであり，ACPO 型の活動家たちに衝撃を与えたのであった．

事実 90 年代になって，カラチ市役所をはじめいくつかの行政機関は，オランギ型の住民下水道に学び，それを都市下水道マスタープランに含め，さらに下水幹線整備に OPP の協力を依頼するようにもなった．自信をつけた住民たちは，下水道からさらに住宅，生活向上融資，母子保健，教育へと活動を広げた．オランギの青年たちは測量や設計の技術を身につけ，地区外へのアドバイザーとして活躍するようになっている．

(6) グローバル化の下での居住運動

設立から 20 年を経て ACPO は自ら解散を宣言した．しかしそのミッションやコミュニティ組織化方法論は，新たに成立した LOCOA という NGO ネットワークに引き継がれた．時あたかも社会主義圏が崩壊し，中国もインドも経済開放路線を確定して，アジアはグローバルな市場に統合されつつあった．国内的には不動産の投機性と外資による商業化が強まり，スラムの強制追い立てが頻発した．LOCOA は 1990 年代以降，これに対する抵抗を組織化し支援したのであった．国際人権の枠組みで「住まいの権利」が強く主張されるようになったのも，この時期であった．

先に述べたように，住民が居住から排除されるのは直接的な撤去によるのみではない．経済的に押し流されていくこともある．今世紀に入ると，前記フィリピンでの CMP を通じて土地を入手し，住居を再建・改善してきた住宅組合も，次々に 20 年間の融資返済の満期を迎えている．完済すると土地権利は個人化され，進出してきた中国資本に買いたたかれるようになった．アジアのほぼいずれの国でも，資本の容易な移動によって土地市場は拡大し，たとえばカラチを含めパキスタン郊外部では，近代的登記が不完全でも長年にわたって慣習的に土地を利用してきた農民が，その投機的価値に目をつけたマフィアや不動産資本によって暴力的に土地から追われている．

1988 年にバンコクに事務所を置いて成立した ACHR（住まいの権利のためのアジア連合）は，アジア各地のスラムの住民組織や，かれらと働く NGO，建築

家，コミュニティワーカー等のネットワークである．当初は強制撤去に反対する連帯行動から出発しつつも，次第に LOCOA のグループとは相対的な独自性を保ち，むしろ撤去に対して住民側からの解決策を示すことで「住まいの権利」を守ろうとしている．そこでたとえば貯蓄融資活動の広がりや，オランギのような自立的な居住形成の試みを，国境を越える経験交流を通じて展開しつつ「人々によるプロセス」を拡大することが，その戦略となる．具体的な動きとしては，スラム住民自身による地区調査を通じて住民討論の場が生成し，貯蓄活動を重ねながら生計・住宅の相互融資が展開され，さらにコミュニティ基金を生み出して，それを自治体や金融機関との交渉の基盤とし，また福祉・健康・教育などをカバーする互助システムを再生していくプロセスである．ACHR による 2009 年からのコミュニティ支援 5 カ年事業（ACCA）は，アジア 19 ヵ国 215 市で展開され，各市に生まれたスラム住民組織連合体が中心となって，自治体規模でのスラム居住改善を実施した．

(7) **スラム政策の新局面**

居住政策に話を戻そう．前述のようにイネーブリング原則成立の背景をなしていた 2 つの潮流は，90 年代のグローバル化の中でギャップを拡大させた．「公」が衰弱する一方で，「民」（住まいの市場化）と「共」（コミュニティに根ざした住宅活動）が乖離していったといえよう．中間階層向け住宅市場が活性化し，貧困層の一部にも浸透したものの，スラム住宅の改善は文字通り「自助」の領域と見なされ，国際援助機関も国の行政も身を引いていった．

しかしアジアの行政機構における 90 年代の顕著な傾向は，地方分権であった．フィリピンの地方政府法の制定（1991 年），インドの第 73 次憲法改正（1992 年）に象徴されるように，自治体レベルの行政権限や政治権力が，相対的に強化された．これに対応して注目されるようになったスラム政策は「都市全域のスラム改善（City-Wide Slum Upgrading：CWSU）」といわれるものである（UN-Habitat, 2014）．

70 年代のスラム改善に比べて，CWSU には際立った特徴がある．第一に，個別の地区改善事業（project）の繰り返しではなく，自治体全域をカバーするシステムとして自治体内でプログラム化されることだ．第二に，スラム住民組織ないしその連合が CWSU 運営の主要部分を担い，自治体行政と連携して実施する．第三に，物的改善に限らず，住民組織の決定に従って，経済的生計向上や福祉的生活保障など多様な課題を扱うものとなっている．

(8) **バーン・マンコンの例**

アジアにおける CWSU の先進例は，タイの CODI（コミュニティ組織開発機

9.2 居住政策と居住運動の展開

構）によるバーン・マンコン（安心の家）プログラムである（図9-4）．CODIは，90年代に設置されたその前身UCDO（都市コミュニティ開発機構）が採った方法を継承して，都市農村の貧困地区で貯蓄組合設立を支援し，そこに生計向上・住宅改善・土地購入・回転基金のための融資を提供する特別行政法人だ．その運営スタイルはきわめて柔軟で，このことは住民のダイナミズムに応じながら個別プロジェクトを生み出していくプロセスに必須の要件である．

2003年に始まったバーン・マンコンでは，不安定な土地保有条件にあるスラムの住民たちが，各地区で貯蓄組合を組織し，さらにその連合体を都市レベルで形成する．この連合体が自治体とともに都市の開発委員会（City Development Committee）を構成し，地区ごとに行った自己調査の結果をまとめ，自治体規模でのプログラムを決めていく．また個別地区の改善や再定住のために，官民の地主と交渉する．CODIはこの過程にも支援的に介入する．そして住民が定めた優先度にしたがって，低利の住宅融資や土地購入融資，小規模インフラ整備の補助を組合に提供する．土地は，少なくとも融資完済までは，組合所有となる．長期賃借権が設定される場合は，その権利は個人でなく組合に属する．住宅再建・改善の方法は多様であるが，多くは地区内の大工・建設労働者のチームによって行われる．2010年末までに全国で277都市の1,500余地区が支援を受け，9万世帯が安定した居住を確保した．

貧困住民の共同性を基礎にすることは，①かれらの生活スタイルを守り，交渉能力を強めることになる．しかし，②コミュニティによる共同的な貯蓄，共同的な土地保有，共同的な住宅建設についていきにくい最貧困層も存在する．そこで一方では，③バーン・マンコンと並行して，やはりCODIの支援を得ながら，地区ごとに「コミュニティ福祉基金」を設立する動きが広がり，住民が相互融資の利子を蓄積して，そこから自前のセーフティネット（医療保険，奨学金，高齢者給付等）を構築して，生活を支え合っている．だが，④これも生活保障としては限界

図9-4 バーン・マンコン事業の下での組合形式によるスラム住宅の建て替え（タイ）

があり，マクロな資源再配分が社会保障として必須であろう．その点でCODIが，資金運営能力を身につけた住民組織に国家予算を流す形で資源再配分に関与してきたことには，リアルな意味があると思われる．かくして，こうした多くの課題と可能性そのものが，グローバルな居住政策の現段階を象徴している．

バーン・マンコンが成立したのは，タクシン首相（当時）率いるポピュリスト政権の下であった．CODIの予算もまた，政治的変化によって浮沈があるのは避けがたい．そこで，より近年では，住民が貯蓄運動やコミュニティ基金運用を通じて蓄積した資源を都市レベルで結合し，自治体とNGO（特にACHR）が補足的に資金援助して，都市開発基金を設立する新たな展開がある．実験的に着手された基金は2014年現在，タイ国内7都市で機能し，その規模は各市約5万から50万ドル，資金源内訳は住民組織が4割，自治体・政府が5割，ACHRが1割である．実はACHRの事務局長であるタイ人女性は長くCODI機構長を兼務しており（2009年まで），アジアの注目すべき試みとCODIの活動とは絶えず相互交流されてきた．タイと同様の目的と方法によって登場したコミュニティ主導型都市開発基金はACHR/ACCAを通じて，カンボジア，ラオス，ベトナム，インドネシア，フィリピン，ネパール，バングラデシュ等アジア11カ国129都市（2014年末）でも展開されている．

9.3　インフォーマル居住地改善への理論的枠組み

(1)　マクロな政策——支援的な政策環境を構築する

高度に制度化された日本で働いている私たちが，専門職として地域の問題にアプローチするとき，制度に基づいて制度的対象を切り取り，対象者のニーズを調べて制度的に対応しようと考えがちである．相手の人間的全体性やエイジェンシー（自己と社会を変革しようとする主体性）を見失いかねない．アマルティア・センは次のように言う．

> 「君がスラムの人たちを前にして考えるべきことは，彼らのニーズは何か，ということではなく，もし彼らが本来の力を発揮する自由を与えられたならばどう行動するか，ということ，そして君はどのようにしてその自由を拡大できるか，ということである」（UN-Habitatによるビデオ *Agents of Change: Amartya Sen's Five Freedoms*，2002から）

彼はこれを70年代のベイシックニーズ・アプローチへの批判として語っている．スラムの人々を，変化の主体（agent）でなく，制度的サービスの受け手（patient）と見なしてニーズを特定すれば，「適切な住まいを持たない哀れな人」

9.3 インフォーマル居住地改善への理論的枠組み

ということになり、ベーシックニーズとしての公共住宅をあてがうというパタナリスティックな処方箋に直結する．しかし、かれらが住まいを築き居住環境を改善する自由を抑圧されているのだと考えれば、異なる視野が開ける．その自由は、土地、融資、インフラ、資材、技術、情報、組織など必要な資源へのアクセスを奪われているゆえ

図9-5 スリランカ住宅百万戸計画を特徴づけるスラム住民ワークショップ

に、抑圧されているのである．これを回復させるために一連の支援的な施策環境を整えることこそ、先述のイネーブリング原則の本義であった．

かつて同原則の模範として喧伝されたのはスリランカの住宅百万戸計画（1984-89）であった．それまでの公的住宅供給を停止し、スクォッター地区改善を通じて住民による住宅改良を支援した．すなわち、公有地上の居住者に土地の長期賃借権を与え、非現実的な法定建築基準に代えて住民ワークショップで定める建築協定を認定することで「違法」建築を防ぎ、スラム内に建築情報センターを設置して技術にアクセスしやすくし、住宅融資をシンプルな手続きで貧困者に提供し、競争入札を適用しない住民請負制度を導入して地区内インフラを整備し、コミュニティ組織を強化した（穂坂、2002b）．その後の経過には多くの限界や弱点も指摘しうるが、かくして民衆の「築く自由（freedom to build）」を解放することが政策的に可能であることを示したのは間違いない[5]（図9-5）．

---

[5] 本来「建築の不自由」(unfreedom to build) は「計画なくして開発なし」という近代都市計画規制の原則を示している．ジョン・ターナーが「築く自由」を建築思想として主張した (Turner and Fichter, 1973) のは、貧困層の居住への自由が、官僚的基準や専門職の専制によって抑圧されていると観たからだ．彼はアナキストとの親交が深かった．いかなる住まいをどのように建築するかを居住当事者自身が決定し（「ハウジングにおける自治」）、自力建設の力を解放すれば、スクォッターは住まいづくりを都市生活構築のプロセスとし、その中で自らを成長させる．不動産資本が商業的開発利益を求めて主張する「建築の自由」とは文脈が異なる．対応して「セルフヘルプ」概念も拡張されており、ここで重視されるのは、安上がりにdo-it-yourselfで工事する自給自足 (self-sufficiency) ではなく、必要な資源再配分を要求し獲得しつつ、ハウジングのプロセスを居住者自身が地域でコントロールすること (self-management) である．この思想がイネーブリング原則に影響していたのは明らかだろう．

センのいう「自由」は，人の生きる機会が拡大し，生き方を自ら選びとれることを意味する．グラミン銀行が農村女性の生活を変えるためにまず銀行を変えたように，スラム住民を「意識化」し事業に参加させようと試みる以前に，支配的なシステムや政策を変えて，抑圧を取り除き，誰もが生きる機会を拡げられるよう条件を整えるのが，マクロな支援政策の根幹である．

(2) **メゾの計画——目標よりもプロセスに注目する**

オランギ住民下水道は，排水設備のような工学的なまちづくりですら，ブループリントでなく，住民活動のダイナミズムによって導かれた好例であった（穂坂，2002a）．医者や教師は，建築家のように合理主義的ブループリントによって患者や生徒の将来像を確定してその実現を目指すわけではなく，相手の状況をたえず診断しながら，生起する問題に各人が対処する力を強められるよう努力している．これが社会開発には，より適合するアプローチであると，1970年代に国連は指摘している（UN, 1974）．

ブループリント・アプローチを理論的に批判した最初の一人は，デイヴィド・コーテンである．アジアの5つの参加型開発事例を分析し，これらの成果は，外部者が「プロジェクト」の下に既定の時間限定的な目的を掲げて地域住民を動員するのでなく，外部者（ないしプログラム推進者）と住民とが共に学びあい資源を共有しながら相互の適合関係（fit）に至るべく，プログラム側の変容と住民の組織的能力の形成が「学習プロセス（learning process）」によって導かれた，とした（Korten, 1980）．

インフォーマル居住地は多様であり，変化も激しい．分析された問題に対して「目的ー手段」の体系を積み上げて解決のための長期計画を描き，必要資源を特定して運用し，計画目標を達成する，という安定的・固定的な状況は前提できないことが多い．対話と活動の中で問題の構造が転換し（たとえば「住宅の不足」から「資源アクセスの剥奪」に），したがって目的自体がプロセスの中で生成変化し，そこで対応する手段すなわち資源も住民によってあらためて発見されていく．このときに必要なのは，既定の目標達成へのマネジメントよりも，システムを変化させるような関係変容のプロセスが生起する「場」を設定することだ．

(3) **ミクロな支援——変わりながら変える**

バーン・マンコンをはじめ近年の居住運動の広がりに見られるのは，スラムの住民が変化へのエイジェントとして台頭する姿である．それはかつての活動家やコミュニティオーガナイザーの多くが，対象地区に働きかけ住民を「組織化・意識化」したのと，方法的に異なるようにみえる．当時の活動家たちが聖典としていたのは，パウロ・フレイレの意識化論であった．だがフレイレ自身は次のよう

に述べている．

> 農業専門家は，単なる技術援助以上のものに力を注ぐべきだ．彼は変化の主体（agent of change）として，同じく変化の主体である貧農とともに，変革へのプロセスに入っていくことを課せられている．貧農を意識化すると同時に自らを意識化する．意識化とは相互意識化（inter-conscientization）なのである（Freire, 2008：118．傍点は原文イタリック）．

　同様に，対象を客体化して一方的にエンパワーする，ということは原理的にありえない．「エンパワメント」とは「相互エンパワメント」を意味するはずだ．ジョン・フリードマンは，ある世帯が貧しいのは，その生活を改善するのに必要な「社会的な力（social power）」の基盤へのアクセスを剥奪されているからだとした．その基盤は8種類ある．守られうる生活空間，余剰の時間，知識とスキル，適切な情報，社会組織，社会ネットワーク，仕事と生計の手段，現金収入や信用である．貧困世帯がこれらへのアクセスを共同的に回復するプロセスが「エンパワメント」（正確には「共同的自己エンパワメント」）である（Friedmann, 1992：70）．この意味において，スラムの居住者たちが，貯蓄組合を自己組織化し，ネットワークを広げ，自治体と交渉し，資金援助を獲得し，安全な土地を確保し，生計と住宅を向上させるプロセスが，エンパワメントなのである．そして，フリードマンによれば，それは住民が組織やネットワークを通じて相互に働きかけあうことから始まる．

　この際に，行政，NGO，援助機関，ワーカー，専門職など「外部者」の支援が有効なことがある．ただし前述のように，既存の制度に結びつけてサービスを施すという定型的な解や，会議室で描いた既定の計画を持ち込むのでなく，まず学びあう「場」をつくることから始めなくてはならない．すると専門職は，「都市計画家として」「開発援助専門家として」考えるのをいったん括弧に入れて，地域の課題に照らして自己相対化する必要がある．スラムの人々の暮らしに接して，彼らが何をどう奪われているのか，を議論しあう先に，必要な新しい視点や専門職のありようが，あらためて見えてくるだろう．learning（学び）のプロセスとは unlearning（学んで身に付けてきたものをいったん拭い去る）のプロセスであり，その先に relearning（学び直し）の機会が開ける．相互に変わりながら，アプローチが適正に，豊かになる．

　たとえば今アジア17カ国にCAN（コミュニティアーキテクト・ネットワーク）のグループがあり，建築を学ぶ青年たちが国境を越えて，現場の求めに応じて支援し合っている．解決策を提示するのでなく，住民の意思決定を技術的に支え（地域のマッピング，スラム地区計画の図化，合意形成のファシリテーショ

ン，行政交渉のアドバイス等），自らも学び変わりながら，有益なヒントを他の国にも伝えていく．日本の若いプランナー・建築家が，こうしたネットワークに参加して得られるものは大きいであろう．

9.4　グローバル時代の連携協力——居住改善への同時代性の視点

　高度に制度化された日本，と先に述べたが，実は現代日本の居住問題の多くは，その高度に，緻密に，かつ縦割りに固定化された既存の制度の狭間や機能不全から生じている．中山間地での生活困難，都心団地居住者の孤立，外国人労働者家族の居住不安，ホームレス状態の人々の就業困難，みな然りである．いま私たちが，制度を越えて，制度に頼らず，地域の力を回復して問題に取り組むことから出発する他はないとすれば，もともと制度がほぼ不在の世界で，制度の枠外で，住民が工夫しあって居住条件を築いてきたアジアのスラムの経験，そしてその動きを受けとめて新たなシステムづくりに努めてきた行政の経験から，学ぶべきことが多いはずである．そこにあるのは，文脈を異にするにせよ，いずれもグローバル化の下での居住の不安定化に抗する対抗戦略の台頭なのである．

　かくして，まちづくりのスキルや洞察において，先進後進でなく，同時代的な経験を交流する可能性が広がっている（穂坂，2004）．コミュニティビジネスの試みや，まちづくり基金の運営経験も，今こそ相互に学びあえるものである．また日本でもスケルトン・インフィル住宅やコーポラティブ住宅が注目されている．アジアのスラム改善の中で，前者は居住者自身がコントロールするハウジング原則の実質化として，すでに70年代から採り入れられてきたのは既述のとおりである．後者はまさに今アジアで多様な形態で展開されていて，住宅土地を共同的に組合管理する基盤となっている．

　ただし，私たちが相互に経験を相対化して，学びをそれぞれの文脈に取り込むためには，こうした現場の動きを個別の時間限定的な「プロジェクト」としてでなく，システムとして理解し，それを生み出すプロセスに注目すべきだろう．たとえば草の根の貯蓄融資活動は，特定の地区での個別グッド・プラクティスとして観察されるかもしれないが，それは人々が相互に信頼を回復し，資源管理能力を高めていくための汎用性の高い「システム」として広がっているのである．またコミュニティ基金のアイデアを得たことで，人々は目的や資源要件があらかじめ特定されているプロジェクトに領導されるのでなく，実現が担保されるアクションを自由に構想して議論し，共同的に決定する「場とプロセス」を手に入れたことになる．そのように見ることで私たちは，制度外にあっても持続する開発経験を，マクロ・メゾ・ミクロの視点を統合して，相互に学びあう手がかりを得られるだろう．

［穂坂　光彦］

【参考文献】

穂坂光彦（2002a）「南アジアの居住環境整備へのプロセスアプローチ：オランギー住民下水道の計画論的考察」『国際開発研究』Vol.11, No.2, pp.221-238.
穂坂光彦（2002b）「都市貧困地区の居住環境と住民：コロンボのシャンティ地区改善」柳澤悠編『開発と環境』現代南アジア 4, 東京大学出版会, pp.149-164.
穂坂光彦（2004）「草の根の居住運動とまちづくり技術交流」『都市計画』Vol.53, No.2, pp.53-56.
ACHR (2014) *Housing by People in Asia*, No.19, September.
Ellis, Peter and Mark Roberts (2015) *Leveraging Urbanization in South Asia: Managing Spatial Transformation for Prosperity and Livability,* World Bank.
Freire, Paulo (2008) *Education for Critical Consciousness*, Continuum （原著初版は 1974）.（邦訳は, 里見実・楠原彰・桧垣良子訳『伝達か対話か：関係変革の教育学』亜紀書房, 1982.）
Friedmann, John (1992) *Empowerment*: *The Politics of Alternative Development*, Blackwell.（邦訳は, 斉藤千宏・雨森孝悦監訳『市民・政府・NGO：「力の剥奪」からエンパワーメントへ』新評論, 1995.）
Korten, David (1980) "Community Organization and Rural Development: A Learning Process Approach". *Public Administration Review*. 40/5, pp.480-511.
Mitlin, Diana and David Satterthwaite (2013) *Urban Poverty in the Global South*, Routledge.
Turner, John and Robert Fichter eds. (1973) *Freedom to Build*, Colliers-Macmillan.
Turner, John (1976) *Housing by People: Towards Autonomy in Building Environments*, Pantheon.
UN Commission for Social Development (1974) "Report on a Unified Approach to Development Analysis and Planning" E/CN, 5/519.
UN-Habitat (2003) *The Challenge of Slums*: *Global Report on Human Settlements 2003*.
UN-Habitat (2008) *State of the World's Cities 2010/2011*: *Bridging the Urban Divide*.
UN-Habitat (2013) *State of the World's Cities 2012/2013*: *Prosperity of Cities*.
UN-Habitat (2014) *A Practical Guide to Designing, Planning and Executing Citywide Slum Upgrading Programmes*.

第10章
都市と防災

10.1 はじめに

　アジアには，世界の人口のほぼ6割にあたる約44億人が暮らしており，そのうちの半数近くが都市部に居住している．また，アジアは，その自然特性から，地震や火山の噴火，熱帯性低気圧（台風，サイクロン）の発生などが多く，そのような自然現象に由来する災害も多い．1984年から2013年に全世界で発生した自然災害の約4割がアジアで発生している．

　災害とは，異常な自然現象や事故などが人々の生活や経済活動に負の影響を与えることである[1]ため，異常な自然現象が発生しやすく人口や経済活動が集中しているアジアの都市において自然災害を軽減すること，つまり「防災」を考えることは重要であり，都市計画やまちづくりにおいて，防災は欠くことのできない必須の要素であると言える．

　ひとことで「アジアの都市」といっても，その災害の様相はさまざまである．たとえば，アジアの代表的な都市の1つである東京は，地震や風水害を受けやすい自然条件にあるが，長い治水の歴史や耐震基準の厳格な適用，個人の防災意識の向上などにより，現在では，通常起こる規模の地震や洪水で大きな被害が出ることは滅多にない．一方，マニラ（2010年の台風）やバンコク（2011年の洪水）では，自然事象の規模はある程度の大きさであったといえるが，特別に稀な事象でないような場合でも，非常に大きな被害を受ける都市もある．

　このような違いは，その都市を襲った自然事象の種類や規模だけではなく，その都市や都市のインフラが持つ物理的な強さ，災害に対する備え，災害への耐性・回復力（最近は「レジリエンス」という言葉を使うことも多い），都市に住む人々の災害リスクに対する認知度，都市の成立・発展過程など，多くの要因が複雑に関係した結果生じたものである．

　したがって，「都市と防災」を議論するためには，災害の誘因となる地震や気象などを扱う自然科学の分野，都市計画や建築・土木工学などの工学分野，人の

---

[1] 災害には，自然現象に起因する自然災害のほかに，鉄道や航空機などによる大規模な事故，工場での爆発や人的な過失などに起因する産業災害なども含まれるが，本章では，自然災害およびその被害を軽減する防災を扱う．

行動に関わる学問分野（社会学や心理学等），地域経済，政府の組織・制度・ガバナンスなどの公共政策的な分野，さらには，その都市の歴史や文化など幅広い分野を総合的に扱う必要があることを認識しなければならない．

しかし，このような幅広い分野を限られた紙幅で議論することは難しく，また，本書の主たる読者は，防災よりは都市やまちづくりを専門とする，あるいはこれから専門としていこうとして諸氏であると推察することから，本章ではそのような諸氏に，「防災に関わる基本的な知識とアジアの都市における防災上の課題を示すことで，開発途上国の都市やまちづくりに必要な防災視点について理解を促すこと」を目指すものとする．

具体的には，次節において，都市と災害・防災・復興の関わりを考える導入として，防災先進国と言われている日本を事例に，災害や防災，復興が都市計画・まちづくりがどう関連してきたか，その歴史を簡単に振り返る．続く節では，都市の防災や復興を考える上で必要となる基本的知識や視点について解説し，最後の節では，アジアの都市において都市計画やまちづくりの上で防災を考えるポイントについて具体例を交えながら整理する．

10.2 日本における防災・復興と都市計画・まちづくり

日本は，アジアの中でも地震災害，火山災害，風水害を受けやすい国土であり，これまで幾度も自然災害により大きな被害を受けてきた．2011年の東日本大震災からの復興においても，「復興都市計画」「復興まちづくり」「災害に強いまちへの再生」というように，「復興」が都市計画やまちづくりの文脈でも語られているが，防災や復興が都市計画やまちづくりの分野と密接に連携しながら議論され，学問としての探求や現場での実践が行われてきたのは比較的最近，つまり，1995年の阪神・淡路大震災以降と言っても過言ではない．しかし，都市計画やまちづくりを意識するしないにかかわらず，防災や復興は人々の生活やまちづくりと密接に関係しており，その関係は古く長い．

ここでは，日本における災害や復興に関する記録，実際に行われた防災事業や復興事業等から，日本がどのように災害と付き合い，防災や復興がまちづくりと関わってきたのかを見ていく．

(1) 古代から江戸時代中頃までの災害とまちづくり

日本では古くから災害に関する記録が多く残されている．日本で最初の災害記録とされているのは，『日本書紀』にある遠飛鳥宮付近（大和国，現在の奈良県明日香村）での地震（416年）である．風水害による被害や災害対応の記録も多く残っているが，そのような災害の記録に加え，集落や耕作地を守るために排水

路や堤を建設した記録も残っており，古代においても人が住むという行為において，防災が重要な役割を果たしていたことがわかる．

また，この頃の災害記録には，被災者の調査と救援，税の減免といった災害対応に加え，重要な地域や施設を守るための工事を実施したことも示されているが，そのような対応に都市計画的な視点があった旨の記録はない．つまり，この時期までの「防災」は，小規模な防災施設の建設と災害により被災した箇所を中心に防災施設を強化する程度のものであったことが推察できる．

ただ，そういった中でも，武田信玄が実施した甲府盆地周辺の治水事業や江戸や大阪の街を守るための治水事業である利根川東遷事業，新大和川の開削事業などは，「事前の防災」という意味で，その後のまちづくりや都市の発展に果たした役割は大きい．

■ 武田信玄による甲府盆地周辺の治水事業

戦国武将として有名な武田信玄は，甲府盆地の度重なる水害を防ぐことで，田畑を守り領地を豊かにし，領民の生活の安定を図ろうとした．そのため，当時の最先端の技術[2]により，釜無川・笛吹川の治水事業を実施したことでも知られる．

具体的には，釜無川に合流する御勅使川の流路を安定させ，洪水が直接甲府盆地側に流れないようにし，さらに，「信玄堤」とよばれる霞堤[3]や「聖牛」などと呼ばれる水制工を建設し洪水の制御をした．また，笛吹川側にも「万力林」とよばれる水害防御林を建設するなどし，20年の歳月をかけ，甲府盆地地域の水害に対する安全度を向上させ，その後の甲府の発展の礎とした．

■ 利根川東遷事業

利根川は，古来，中流の栗橋（埼玉県）付近から江戸湾（現在の東京湾）に注いでいた．徳川家康が江戸のまちづくりを始める頃は，現在の利根川中流から東京湾にかけての地域は，当時の利根川をはじめとした多くの河川が入り乱れるように流れており，洪水が頻発していた．

「利根川東遷事業」は，江戸湾に注いでいた利根川を，太平洋側の銚子へと流れを替える河川改修工事で，江戸を利根川の水害から守ること，新田の開発を推進すること，舟運を開いて東北との経済交流を図ること，さらには，東北方面からの防備を目的としたとされており，徳川家康により実施された．

---

2 戦国時代以降，日本の土木技術の進展は目覚ましく，護岸や水制といった治水技術も発展を遂げた．これらの治水技術は，領土保全，食糧確保（農地の保全）のために必須であった．
3 堤防を連続して築くのではなく，雁行状に配置して築くもの．堤防の不連続部分からは，上流側での破堤などによる堤内地の氾濫流を河道に導くことができる．また，河道の洪水流の一部を不連続部分に一時的に貯留させることで安全弁としての機能も期待するもの．

1594年から始まった工事は，数次に渡る瀬替えを経て，現在のような流れとなり，60年後の1654年に完了した．

(2) 江戸時代後期頃から明治期——復興への都市計画的視点の導入

江戸時代になると，幕藩体制の確立が政治的な安定をもたらし，さまざまな資源を防災や災害対応に充てることが可能となってきた．災害対応は，組織的かつ迅速に行われるようになり，災害からの復興，特に都市部における復興では，明暦大火後の江戸の復興や幕末から明治期にかけての大火後の復興にみられるように，都市計画的，まちづくり的な視点も導入されている．さらに，大正12 (1923) 年9月に発生した関東大震災後の復興では，初の復興都市計画と言える『帝都復興計画』が立案された．

■ 明暦の大火

明暦の大火は，明暦3年1月18日（1657年3月2日），本郷の本妙寺より出火し，翌々日の1月20日に鎮火するまでの間，江戸城天守閣，本丸が焼失するなど，江戸の大半を焼き尽くした大火である．

この大火からの復興では，防災の視点からの江戸の都市改造が行われた．たとえば，市街地では避難と延焼防止のため道幅の拡張，町中に広場の設定（火除地）がなされ，両国橋（隅田川）の架橋，武家屋敷・寺社・町屋の移転とそれに伴う本所・深川の地域開発などが行われた．また，江戸城内への延焼防止のため，御三家の藩邸を江戸城外に移転し，跡地に延焼防止帯を設置した．さらに，都市改造に加えた災害対策として，幕府直属の消防組織である定火消の設置（現代の消防に通じる）や火災時に町人の出動を定める町触の発出（民間の自主防火組織に通じる），耐火建築の推奨等が行われた．

■ 幕末から明治にかけての大火

江戸末期から明治にかけても，大火は都市部における災害の主たるものであった．この時期は，西洋の知識や技術等が導入され始め，大火後の復興でも，都市計画・まちづくりの観点からさまざまな取り組みが行われている．

たとえば，横浜大火（1866年）からの復興では，防災の考えを都市計画に取り入れ，日本大通りなどをはじめとした街路，公園，下水道，遊歩道などが整備された．また，1872年の東京銀座の大火後には，銀座通りが拡幅され，統一的な煉瓦造り建築による耐火構造の西洋風街路となった．この他，函館大火（1878年，1879年）後も街路の整備等による耐火と土地の高度利用を目指した都市計画を伴った復興がなされている．

(3) 近代化した首都圏を襲った震災と復興都市計画——関東大震災

1923年9月1日に発生した大正関東地震（関東大震災）は，近代化した日本の首都圏を襲った唯一の巨大地震で，南関東から東海地域で広範な被害が発生した．死者10万人以上（東京で約5万8,000人），全壊・全焼・流出家屋約30万棟で，電気，水道，道路，鉄道等のライフラインも大きな被害を受けた．

災害から5日後の9月6日には，『帝都復興の議』が後藤新平により閣議に提案された．帝都復興の議は，災害復興を機に，江戸以来の都市を抜本的に改造し，東京が抱える都市問題の解決を目指すもので，復興に向けて「独立機関の設置」「財源の確保」「土地の整理（区画整理）」を提案している．

10月18日には，『帝都復興計画』が帝都復興莞理事会で決定された．この計画は，災害の非焼失区域までを含むもので，幹線道路や大規模な軍用地などを公園用地とするなど，1921年5月に後藤新平が発表した「東京市政要綱」の考え方が引き継がれていた．しかし，この計画は，財政的な制約や政治的抵抗などにより縮小され，区画整理も完全には実行できなかった．このとき区画整理ができなかった地域は，密集市街地として長く東京の内部に残ってしまったが，この計画で計画された幹線道路，区画整理実施個所で建設された街路網，上下水道，小公園等のインフラは，東京という都市を語る上で，今でも重要な要素である．

(4) 現代都市の災害と復興まちづくり——阪神・淡路大震災

1995年1月17日に発生した兵庫県南部地震（阪神・淡路大震災）は，淡路島を含む兵庫県南部に甚大な被害を与えた．この震災は，近代化された大都市を襲った日本で初めての地震災害であり，約6,400人の人的被害に加え，建物，高速道路，新幹線を含む鉄道，港湾設備等のインフラも大きな被害を受けた．住宅地の被害，特に火災による被害は，戦後の区画整理の未実施地区，つまり第二次世界大戦で被災しなかった地区において甚大であった．

阪神・淡路大震災後のまちづくりは，区画整理実施済地区では，街路の拡幅などをすることなく，建物の再建を行うことができたが，区画整理未実施地区については，次の災害に備えるために街路の拡幅や公園の設置などを行う必要があった．

そのため，兵庫県と神戸市は3月17日（建築制限の期間が震災2カ月後であった）に，土地区画整理事業の施行区域や幹線道路を決めた都市計画決定を行い，その後，住民の生活に直接関係する生活道路や小公園などの配置を住民との合意形成を経ながら決めていくプロセスをとった．

復興において区画整理手法などを適用することで，災害に強い街への再生なされた一方，区画整理における合意形成の遅れや，集合住宅の再建に関する問題，さらには，被災地に昔から住んでいた人々，特に，借家住まいであった高齢者

が，もともと住んでいたところに戻れず，郊外に建設された復興公営住宅に拡散してしまい，コミュニティや人とのつながりがなくなった老人の孤独死が発生するなどの問題も生じた．

10.3 防災の基本を知る

　前節で見た日本の事例からもわかるように，防災は，都市の発展や住民の安全に関係する重要な要素である．その一方で，都市の発展や拡大に防災が追いついていかないのも実情であり，ある程度まで発達した都市において防災の視点を取り入れた形で新たにまちづくりをしていくことも難しい．大災害からの復興は，都市を災害に強いものに作り替える1つの機会であることは間違いないが，だからといって，なにも手を打たないでいると，ひとたび災害が発生した場合甚大な被害となってしまうことは想像に難くない．

　本節では，なぜ災害が都市の課題や問題の1つとなるのかを整理し，その後，防災の基本を都市という側面に配慮しながら解説していく．

(1) なぜ災害が都市の課題や問題となるか？
■ 災害は都市機能を麻痺させる
　「都市」とは，一般的に，人口が集中している地域で，中心部に役所，事務所や商業施設が集まり，行政・経済・文化・福祉等の中心的な機能を果たし，周辺部には住宅などが存在する場合が多い．また，経済活動や居住活動を支えるために，道路や鉄道などのインフラ，電気やガス，水道，通信といったライフラインが存在する．

　自然災害は，人や建物だけでなく，インフラやライフラインにも被害を及ぼす．インフラの破壊やライフラインの寸断は，都市の機能を麻痺させ，諸活動に影響を与える．都市の機能が多岐にわたり，その果たす役割も大きいことから，都市の機能不全は，他の多くの分野に波及し，災害対応，災害復旧を複雑化させる．さらに，経済活動のグローバル化，生産の国際分業が進んだ現代では，一地域の災害が，より広範囲で影響することもあり，都市における災害に備え，被害の拡大を防ぐことが重要になってきている．

■ 災害による貧困の負の連鎖
　特に途上国において顕著な状況として，地方から都市への人口流入・集中と，それに伴うさまざまな問題の発生がある．都市における災害の拡大も都市への人口集中や都市の拡大に起因する問題の1つである．つまり，地方から都市に流入した人々は，教育や技能の不足のため低賃金の職にしか就けない，あるいは，

職を得られない状況に置かれやすく，低所得がゆえに，住む場所を選ぶことができず，やむを得ず，都市の中の未利用の空間であるが災害に遭い易く居住に不適な低地や山の斜面，都市の周縁部等に低質な住宅を建てて住みつき，洪水や台風等の自然災害に脆弱な状況を形成する（スラムの形成）．

このような地域では，災害対策が実施されていないこともあって，ひとたび災害が発生すると壊滅的な被害になり，被災者が受ける経済的なインパクトは非常に大きい．先進国では，損害が保険でカバーされる場合もあるが，このような地域に住む人々には保険をかける経済的余裕もないため，人的資源と物的な資産の両方を同時に失うことになり，災害から立ち直るのが非常に難しい状況に置かれる．度重なる自然災害により繰り返される壊滅的な被害は，都市の貧困層の貧困を加速させる負のサイクルとなり，社会が内包する課題[4]を顕在化させる．

■ 災害被害を増大させる都市化

災害には開発を阻害し貧困を加速させる側面がある一方，都市化や都市の拡大には，被害の増大や今まで経験しなかった災害を新たに生み出すという側面もある．都市化や都市の拡大による居住不適地の市街化や2011年のタイ・バンコク周辺の工業団地が被害を受けた洪水災害の事例にも見られるように，都市域の拡大や産業の立地（開発）が新たな災害が生み出されることから，開発圧力や都市化を適切にコントロールすることが防災にもつながる．

(2) 防災とは何か

■ 防災の定義と防災が意味するもの

「災害対策基本法[5]」では，『災害』を「暴風，竜巻，豪雨，豪雪，洪水，高潮，地震，津波，噴火その他の異常な自然現象又は大規模な火事若しくは爆発その他その及ぼす被害の程度においてこれらに類する政令で定める原因により生ずる被害をいう」と定義している．

さらに，同法では，『防災』とは，「災害を未然に防止し，災害が発生した場合における被害の拡大を防ぎ，及び災害の復旧を図ることをいう」としている．防災という単語の感覚からすると，災害の防止や被害の拡大を防ぐことのみに捉えがちであるが，災害対策基本法では災害からの復旧も防災の範疇である．防災を「事前の備え〜災害対応〜復旧・復興〜事前の備え」という途切れのないプロセ

---

[4] たとえば，貧困にあえぐ若者などがテロ組織などへの人材供給源になっているとも言われ，災害が世界的な社会不安の遠因とされている．

[5] さまざまな防災施策を実施していく根拠となる法律．第2回国連防災会議（2005年1月：兵庫県神戸市で開催）の成果文書である兵庫行動枠組みに，施策実行のための強力な制度基盤を確保することが含まれて以来，開発途上国でも同様の法律の整備が進んできている．

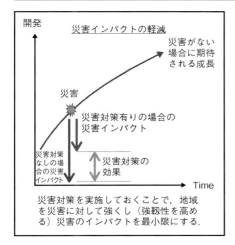 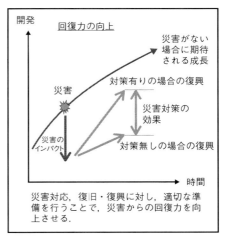

図 10-1　災害インパクトの軽減と災害からの回復力の増大（イメージ）

スとして扱う概念は，海外でも定着した概念である．

　災害が人々や人々の生活，社会や経済にネガティブなインパクトを与えるものであること，また，防災が事前の備えから災害を経て新たな備えまでの途切れのない活動であることを考えると，防災（災害対策）により得られる効果というものは，以下の2つ，すなわち，「事前に対策を行うことで災害によるネガティブなインパクトを減らす」ことと，「災害からの回復力を高めより早く復興する」という2つに集約される（図 10-1）．

■ どのように災害のインパクトを減らし回復を早くするか

　災害インパクトを減少させるということは，さまざまな施策によりその地域に存在する災害によるリスクを減らすことにより達成されるが，地域の災害リスク（R：Risk）は，地震や台風の強さといった災害そのものが持つ力（H：Hazard）と地域の脆弱性（V：Vulnerability），災害対応能力（C：Capacity）との関係式（10.1）により決まると言われている．

$$R = \frac{H \times V}{C} \tag{10.1}$$

　この式から，地域の災害リスクを小さくするためには，地域に降りかかる外力

を極力少なくし（H→小さく），地域の災害に対する脆弱性を克服する（V→小さく）とともに，災害に対応する能力を底上げ（C→大きく）が必要であることが理解できるであろう．つまり，この式を用いることで，ある施策の狙いについて，説明や理解が容易にもなるのである．

以下に，少し具体的に災害インパクトを減らす方策と回復を早める方策について，キーワードとともに述べていく．

ハード対策（構造物対策）とソフト対策（非構造物対策）：「ハード対策」とは，ダムや堤防などの構造物による対策である（図 10-2）．激しい雨やそれに起因する洪水，地すべりなど，災害のもとになる現象そのものを減少させることはできないが，堤防の建設や地すべり対策工事などは災害につながる外力をある程度くい止めることができる（式 10.1 の H の低減を狙う）．

一方，「ソフト対策」とは，土地利用規制や早期警報，防災教育・防災訓練など構造物によらない災害対策を指す．たとえば，津波や洪水による浸水が想定される地域への居住制限は，土地利用を災害に強いものに変え，地域の災害に対する脆弱性を根本的に変えるため，V の減少に寄与する代表的なソフト対策の 1 つである．また，早期警報や防災教育・防災訓練は，地域住民の防災能力，災害対応能力を高める活動なので，C の増大に寄与する．

自助，共助，公助：自助とは，自分の身を自分で守るために，一人ひとりが取り組み，自分自身や家族・世帯を強くしていくことであり，共助とは，自分たちの街は自分たちで守るために，地域で力を合わせて実現していくことで，公助とは，行政が安心・安全のために責任を果たすことである．この考え方は，防災の役割分担を理解する概念としてわかり易く，日本の防災関係者間では共通の認識と言ってもよく，海外でもこの考えに理解が広がりつつある．

図 10-2　ハード対策の例：東日本大震災後に作られた防波堤（宮城県山元町）

防災（事前の備え）と減災：ここでいう「防災」とは，災害対策基本法での定義よりも狭義の防災で，災害を未然に防ぐ施策を意味する．一方，「減災」は，災害が発生した場合に被害の拡大を最小限にする取り組みである．近年では，防災と減災を最適に組み合わせることで，被害を最小化するという考え方が主流である．防災は，その本質から構造物対策による場合が多く，公助と密接に関係し，減災は非構造物対策が主体で，特に，自助・共助との関係性が強い．

多重防御とリダンダンシー：東日本大震災では，津波が海岸防波堤を乗り越えて内陸にまで到達し，大きな被害になった．しかし，仙台市東部では，内陸部に建設された高速道路の盛土が，内陸に到達した津波を防ぐ堤防や住民の避難場所として機能した．このように，インフラなどが持つ本来の機能に加え，防災の機能を持たすことで，地域の多重に防御するという考えが出てきている．さらに，大規模災害時でも都市機能や経済機能を維持確保する観点から，道路ネットワークやサプライチェーンの代替性（リダンダンシー）の確立が促進されつつある．

事前復興，事業継続計画（BCP）：災害後の地域の回復に目を向けると，その課題は，いかに被災地を早く復旧・復興[6]させるかということである．この課題への対応は，復旧・復興の期間中に，被災者・被災地域に対して適切な支援をすることによってなされる．

加えて，早期の復興のためには，「大規模災害の発生を想定し，前もって復興に関わる議論を行い，まちの将来像を考えておくこと（事前復興計画[7]）」や「事業者が事業継続計画（BCP：Business Continuity Plan）を準備しておくこと」等が有効であるとされ，近年，その取り組みが進んでいる．

10.4　アジアの都市と防災

自然災害は異常な自然現象が人間・社会に作用することにより引き起こされるが，アジアは自然災害を誘因である自然条件が厳しく，被害の拡大要因となる経済発展や人口増加，都市化なども進んでいる．この節では，アジアの災害を概観した後，アジアの諸都市が抱える防災上の諸問題と施策実施上のポイント等をキーワードとともに整理する．

---

[6] 災害後の地域を元に戻すだけでなく，より災害に強い地域に再生するという考え方，"Build Back Better" が近年の復興の議論の主流であり，国際社会でも認知が進んでいる．
[7] 山中（2009）によれば，事前復興には2つの異なった考え方つまり，「災害が発生した際のことを想定し，被害の最小化につながる都市計画やまちづくりを推進すること．減災や防災まちづくりの一環として行われる取り組みの1つ」と「発災後，限られた時間内に復興に関する意思決定や組織の立ち上げを急ぐ必要がある．そこで，復興対策の手順の明確化，復興に関する基礎データの収集・確認などを事前に進めておくこと」があるとされる．

表 10-3　地域別に見た世界の自然災害（1984 年～20-3 年）

地域	発生件数 (件)	発生件数 (％)	死者数 (人)	死者数 (％)	被害額 (億ドル)	被害額 (％)
アジア	3,952	38	1,188	48	11,693	47
アフリカ	2,099	20	726	29	191	1
アメリカ	2,495	24	389	16	9,161	37
ヨーロッパ	1,398	14	177	7	3,203	13
オセアニア	432	4	6	0	647	3

注：四捨五入の関係で 100％にならない項目がある．
出典：Natural Disaster Data Book 2013（アジア防災センター）より筆者作成

表 10-4　アジアにおける自然災害の特徴

	発生件数	死者数	被災者数	経済被害
第 1 位	洪水（31％）	地震（49％）	洪水（60％）	地震（45％）
第 2 位	風害（28％）	風害（29％）	干ばつ（28％）	洪水（32％）
第 3 位	地震（21％）	洪水（14％）	風害（10％）	風害（15％）

出典：20 世紀自然災害データブック（アジア防災センター）より筆者作成

　表 10-4 は，1975 年から 2000 年にかけてのアジアにおける自然災害の特徴を整理したものである．この表からは，アジアの自然災害の特徴として，発生件数，被災者の数では風水害が多いが，死者，経済被害でみると地震災害によるものが多いというのが見て取れる．
　自然災害による被害の一般的特徴として，低開発国では人的被害が多く，経済発展の進展に従って被害額が大きくなる傾向を持つ．アジアにも低開発国は多く存在するが，そのような国でも発展が進んだ大都市を持つ場合もあるため，同一国内でも，主として人的被害が問題になる低開発地域（農村部）と人的被害に加えて経済的な被害をも考慮する必要が生じる発展地域（都市部）が混在することで，自然災害の様相が多様になり，災害対応を複雑化させる．

(2)　**アジアの都市と防災**
　ここでは，アジアの都市において都市計画やまちづくりの上で防災を考えるポイントについて具体例を交えながら整理する．アジアの課題，都市の課題ともに多様であるため，防災を考える上では多くのキーワードが存在し，それぞれが関係しているのであるが，ここでは，特に重要と思われる 3 つの事柄「都市化・開発・災害脆弱性の適切な管理・制御―都市計画」「都市全体の強化と都市

河川区域
河川区域内に多くの居住者がいる。

左の写真の地区の洪水時の様子。
河川区域内の住宅が浸水している。

図10-4　マンガハン放水路と洪水時の様子（フィリピン・メトロマニラ，筆者撮影）

BCP」「事前復興とBuild Back Better」を取りあげる．

■ 都市化・開発・災害脆弱性の適切な管理・制御——都市計画

　アジアの都市の防災を考える時，都市化は最も重要なポイントである．都市部への人口（特に貧困層の）流入は，居住不適地への居住地拡大と低質な住宅を増加させ，災害脆弱性を増大させる．無秩序な開発は，新たな災害の原因となり，慢性的な交通渋滞は，円滑な災害救援活動を阻害する．

　図10-4は，フィリピン・マニラ首都圏のマンガハン放水路[8]の様子である．水路沿いは河川区域で，居住が制限されているにもかかわらず，不法居住者が住み着き，増水の度に住宅は冠水し被害を受けるようになった．都市化に加え行政の不適切な管理が，災害脆弱性を増大させた事例である．

　図10-5から10-7は，ダッカ市（バングラデシュ）の低地部の状況である．図10-5の地域は，洪水を排水するポンプ場の調整池であり，防災上重要な地域であるが，調整池内に不法な住居建設が進んでいる．もともと水が集まりやすい地形で，居住には不適な土地であったが，住むところのない人々が不法に居住することで洪水に対する脆弱な地域が拡大することに加え，調節池の機能低下（新たな災害の創出）が問題となる．

　図10-6は，洪水時に遊水地として機能していた低湿地を埋め立てて行われている住宅開発の様子である．住宅開発による遊水機能の低下は地域の洪水に対す

---

[8] マニラ首都圏中心部を流れるパシグ・マリキナ川の洪水被害の軽減を目的に，日本の開発援助により建設された．これにより，マニラ首都圏中心部の洪水被害状況は改善されている．

図 10-5　排水ポンプ場の調整池内へ住居の不法建築

図 10-6　低地の住宅開発　　　　図 10-7　道路により排水路が分断

る危険性を高める．またこのような開発地域では，しばしば，図 10-7 に見られるような防災上問題となるような行為が行われている．

　上記と同様の事例は，他のアジアの都市でも見られるが，その一因は，"災害リスクを考慮した" 都市計画・土地利用計画の欠如にあろう．都市計画は，都市の成長を管理するために必須のツールであり，特に，今以上の都市化が見込まれる途上国の都市では，計画に基づいた開発の制御が必要であるが，計画がないがゆえに行政による管理もできず，事例のような状況をもたらす．

　したがって，途上国では，災害リスクと開発のバランスを考慮した都市計画の策定と，それを計画・実施していく行政の能力強化が必要である．

　加えて，個別の開発行為に対して，「開発行為に対する災害の影響の有無」や「開発行為が新たな災害を引き起こさないか」といったアセスメントを行っていくことも重要になってくる[9]．

9　スリランカでは，国際協力機構（JICA）の支援により，道路の建設・拡幅といった開発行為に対し，新たな災害の創出と施設の防災を目的に災害インパクトアセスメントのプロセスが策定され試行されており，他の開発行為への適用拡大を目指している．

図10-8 密集した低質な住宅地（ジャカルタ市内）

事例で取り上げたマニラやダッカだけでなくアジアの都市の多くは，地震の危険も高いが，低質な住宅が密集した地域（図10-8）は地震防災的な観点からも望ましくない．建物の耐震化に加え，道路幅や公園等のオープンスペースの確保等，災害耐性を高めるために都市計画の果たす役割は大きい．

■ 都市全体の強化と都市 BCP

都市はさまざまな機能が集中しており，災害によりその機能が失われることの影響は他の地域への波及もあり大きい．したがって，都市全体を災害に強くしていく（＝事前の対策を実施する）と同時に災害時でも都市機能が維持されるべく準備（＝都市 BCP）をしておかなければならない．

事前の対策において重要なのは，対象とする災害の規模を設定し，何を（人命 or 資産 or 都市機能？）どうやって（構造物 or 非構造物？）守るかという点であるが，その答えは1つでない．たとえば，バンコクやジャカルタのような大都市では構造物対策である程度までの災害を防ぐことが必要だろうが，地方都市ではそのような投資に見合うだけの便益が得られないこともある．

一方，都市 BCP は，企業の BCP の考え方を都市全体にも当てはめたもので，いわゆる緊急対応計画よりも時間スケールが拡大され分野横断的である．アジアの都市では災害対策がほぼなく災害対応の資源が限られているという制限のもとで，都市機能を維持することを考えていかなくてはならない[10]．

■ 事前復興と Build Back Better

ある程度成長した都市では，防災を目的に都市を作り替えることは現実問題と

---

10 JICAは，都市部の産業集積地域対象のBCPである「エリアBCP」の策定をフィリピンとベトナムで支援しており，アジアの都市レベルでのBCPの必要性は認識されつつある．

して難しい．前節において，事前復興の考え方を説明したが，「災害リスクを考慮した都市計画・土地利用計画」は，そのまま事前復興計画になりうるし，より良い復興（Build Back Better）の基礎となることから，改めて，災害リスクと開発のバランスを考慮した都市計画の策定の推進を提言したい．

さらに，都市計画の実施促進とより良い復興のための迅速な資金提供，財源確保の手段として，災害保険の仕組み作りも必要である．ハザードマップの精度向上とそれに伴ったリスクプレミアムの設定で危険な地域からの退出を促すことで地域の脆弱性の改善が期待できる．また，災害後の迅速な資金提供は，復興を加速させ，Build Back Better に貢献する．

しかし，途上国の場合，保険料を支払えない零細な事業者や市民が多く，このような事業者や市民に対しては，災害リスクを最小化できるような保険が得られるよう，保険の仕組みに政府支援が取り入れられるべきであろう．また，途上国の都市部は人口密度が高くインフラも十分に整備されていないことから，自然災害の影響が甚大となり，それに伴って保険の支払額もかさむ可能性があるので，このような事態が発生した場合には政府による資金支援が得られるなど，保険会社が参入できるメカニズムを考えなければならない．

10.5 おわりに

本章では，アジアの都市と防災をテーマに，日本の防災と都市の関係，防災の基本，アジアの都市の防災を考える上でのポイントを見てきたが，本章ではごく限られたポイントでの議論しかできていない．たとえば，都市の水問題も防災と関係が深い．都市の発展には水が必要であり，旺盛な水需要に対応するために多くの地下水がくみ上げられている．地下水のくみ上げは地盤沈下を引き起こし，洪水の拡大につながっている．また，旺盛な水需要はたびたび水不足（＝渇水災害）につながる．都市の水問題は気候変動とも関連することから，都市生活者にとって，水資源管理はより重要な課題となろう．

また，物理的な意味合いとしての都市計画やまちづくりとは異なった側面であるが，災害記憶の継承をまちづくりのソフト面の中に取り込んでいくことは重要である．都市の居住者は外部からの流入者であることが多く，その土地の災害を知らない場合も多い．災害を知ることは防災の第一歩であり，災害に関する知識が脆弱性を減らすことに貢献する．

本章を読んだ諸氏がまちづくりにおいて防災に関心を払い，アジアの都市の安心と安全がより推進されていくことを期待して，本章の結びとしたい．

［松丸 亮］

【参考文献】

アジア開発銀行（2014）『アジア経済見通し 2014 年改訂版アジアとグローバル・バリュー・チェーン 概要』.
アジア防災センター（2000）『20 世紀アジア自然災害データブック』.
外務省（2005-2015）「国際防災世界会議プログラム成果文書」http://www.mofa.go.jp/mofaj/gaiko/kankyo/kikan/kosshi.html
北脇秀敏他編（2014）『国際開発と内発的発展：フィールドから見たアジアの発展のために』第 3 章「防災と内発性」, 朝倉書店.
経済産業省（2010）『通商白書 2010』http://www.meti.go.jp/report/tsuhaku2010/2010honbun/html/i2410000.html（20108 月）.
国際協力機構（2015）「Area Business Continuity Mnagement」http://www.wcdrr.org/wcdrr-data/uploads/872/JICA%20-%20Area%20BCP.pdf
国際協力機構（2014）「Keeping Business Moving in the ASEAN Region」（JICA WORLD JANUARY 2014）http://www.jica.go.jp/english/publications/j-world/c8h0vm00008mqace-att/1401_05.pdf
国土交通省水管理・国土保全局ウェブサイト：http://www.mlit.go.jp/river/toukei_chousa/kasen/jiten/nihon_kawa/83028/83028-1_p1.html
国土交通省甲府河川国道事務所「ふるさとの川をみてみよう」パンフレット.
国立天文台編（2015）『理科年表』第 88 冊, 丸善出版.
越澤明（2012）『大災害と復旧・復興計画』岩波書店.
小林恭一「小林恭一論文アーカイブ」http://gcoe.tus-fire.com/archive_cms/kobayashi-k/
高橋裕（2008）『河川工学』新版, 東京大学出版会.
内閣府ウェブサイト：防災情報のページ, 歴史災害に関する教訓のページ http://www.bousai.go.jp/kyoiku/kyokun/index.html
防災科学技術研究所ウェブサイト：http://dil.bosai.go.jp/workshop/05kouza_chiiki/05sekai/02asia.html.
安田政彦（2013）『災害復興の日本史』吉川弘文館.
矢野恒太記念会（2015）『世界国勢図絵 2015/16』第 26 版.
山中茂樹（2009）「事前復興計画のススメ：この国の明日を紡ぐ」『災害復興研究』Vol.1 関西学院大学災害復興制度研究所.
Ryo Matsumaru, Kimio Takeya（2015）Chapter 7 – Recovery and reconstruction, An opportunity for sustainable growth through "Build Back Better"（pp139-160）Disaster Risk Reduction for Economic Growth and Livelihood（Edited by Ian Davis, Kae Yanagisawa and Kristalina Georgieva）, Routledge.

第11章
都市開発とファイナンス

　アジアの都市のインフラストラクチャー（インフラ）ファイナンスの仕組みを，受益者負担の原則と地方自治体の財政負担の観点から解説する．開発途上国では地方自治体の財政負担能力が限られているため，インフラファイナンスの手法として，PPP（官民連携）と開発利益還元の仕組みを紹介する．また，インフラコストは多額で，回収に時間がかかるため，インフラ事業には長期融資が必要となる．資本市場が未発達な開発途上国で，都市開発金融の仕組みをどのように整えていくかの事例も紹介する．

11.1　アジアの都市のインフラ投資需要

　アジアの都市化は急激に進んでおり，1980年から2010年にかけ都市人口は約10億人増加した．2040年までにはさらに，約11億人の増加が見込まれている．人口1,000万以上の世界のメガシティの半数がアジアにあり，2025年には世界の37のメガシティのうち21がアジアの都市になると予測されている．(ADB, 2012)．2050年までアジアの都市人口は毎日12万人増加することが予測される（Lohani, 2015）．これは横浜と同じぐらいの都市が毎月1つ造られていることを意味する．

　アジアの都市では，急激な人口増加に対応するための社会基盤インフラの建設が必要となっている．たとえば，アジアの都市全体で，毎日250 kmの道路の建設と600万Lの飲料水を供給できる水道施設の建設需要がある（Lohani, 2015）．世界的に都市は国民総生産（GDP）の約70％に貢献し経済成長を牽引しており，社会基盤インフラに加え，電力，交通，通信網等の経済インフラの需要も増加している．主要な都市インフラである，上下水道，ごみ処理施設，道路，公共交通の2006年から2010年にかけての，年間投資額は2003年価格で590億ドルであり，これらのインフラの維持管理費は年間320億ドルであった（ADB, 2011）．アジア開発銀行は，これまでの都市インフラの供給不足分と人口増加および経済成長に対応する新規需要を満たすには，毎年1,000億ドルの投資が必要と推定している．これらの人口増や経済成長に伴うインフラ需要に加え，洪水や地震や津波等の自然災害の防止や修復のためのインフラ需要もある．たとえば，アジア地域では2005年から2014年にかけ，自然災害による損害額は7,220億ドルと推定される（Lohani, 2015）．

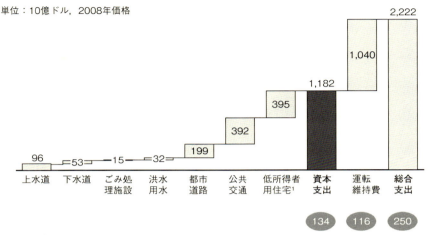

図11-1 2010年から2030年にかけ必要となる，インドの都市開発資金需要（2008年価格，単位10億ドル）
出典：インド都市化資金モデル：ジャワハルラールネルー国家都市再生ミッション．マッキンゼーグローバルインスティチュートの分析（McKinsey Global Institue, 2010）

インドのように，アジアの中では都市化の遅れていた国でも，今後の都市化の加速に伴いインフラ需要が増大する．マッキンゼーグローバルインスティテュートは，2010年から2030年にかけ，低所得者用住宅も含め都市開発の資本支出に1兆2,000億ドル，運転維持費に1兆ドル，合計2兆2,000億ドルが必要であると推定している（図11-1, McKinsey Global Institute, 2010）．

11.2 都市インフラ投資の財源

インフラ投資および維持管理費のファイナンスには，受益者負担の原則が適用される．受益者負担の原則は，インフラの便益を享受する受益者がその資金を負担するという，社会的および経済的に公正かつ合理的な考え方である．また，インフラのサービスを有料で提供することにより，水のような希少資源の無駄遣いを防止するという効果もある．

受益者がどのようにインフラ資金を負担するかは，受益者がどのような形で便益を受けているのかということと，どのような方法で資金の回収を図ることが合理的かによって決定される．異なる受益者負担の形態を都市交通の事例を使って

表 11-1 受益者負担の原則の都市交通への適用

受益者	交通事業の便益	負担の方法	方法選択の根拠	回収資金の主な使途	
				資本コスト	運営コスト
一般道路や街路灯等のような公共財の使用者	交通時間の短縮，質と安全性の向上	地方政府予算	公共財としてすべての市民の使用に提供される．料金の個別徴収が難しい	A	A
公共交通や有料道路，有料橋等の交通施設の使用者	交通時間の短縮，質と安全性の向上	施設使用料または間接的な費用負担	便益を被る使用者一人ひとりから徴収が可能	B	A
不動産所有者	不動産価値の上昇	開発利益還元	土地所有者が公共投資の便益を享受する	A	B

備考　A：主要な使途領域　B：二次的な使途領域

出典：Suzuki et al, 2015 より作成

説明すると次のようになる．バス，地下鉄のような公共交通機関，有料道路や有料橋では，直接受益者が，運賃や通行料という形で資金負担する．一般道路や街路灯は，一般の市民が受益者であり，かつその使用に際して受益者から個別に使用料を徴収できないので，地方自治体が，受益者である市民全体から徴収した税金でインフラを建設し維持管理しており，間接的な受益者負担となっている．第三の形態として，インフラ建設により，地価の上昇という便益を受ける，土地所有者や不動産業者等の受益者には，不動産税や開発利益還元手法による，受益者負担がありうる．表 11-1 に受益者負担の原則が都市交通の資金回収にどのように適用されているかを説明する．

受益者負担の原則は社会的および経済的に公正かつ合理的であるが，国や地方自治体は，「外部不経済」が発生する場合や社会的公正を実現する必要がある場合は，税金を充当したり，特定の受益者から徴収したあるインフラの資金負担を他のインフラの資金負担に充当することもある．「外部不経済」とは，各個人がそれぞれの経済的合理性に基づき，個人の便益を最大限にする行動をとった時に，社会全体にとっては，悪影響（負の外部性）を与えることを意味する．都市交通で自動車を通勤手段と使った場合を事例として，「外部不経済」がどのように発生して，インフラの資金負担方法でどのように「負の外部性」を軽減できるかを説明する．自動車は，出発点から目的地まで移動する際，公共交通機関のように駅まで歩くことも乗り換えの必要もないため，車を購入できる市民にとっては利点の多い交通手段である．しかし，すべての市民が自動車で通勤した場合，道路の処理能力を超え，渋滞が生じ，排ガスによる公害が発生する．有料道路を

除き，車の通勤者は道路の使用料金を払っていないので，「負の外部性」の費用負担をしていないことになる．この負の外部性を是正するために，政府は，自動車の所有者や利用者に，自動車の所有税，ガソリン税を課し，その収入を公共交通機関の建設や運営維持費の補助金として充当できる．こうすることにより，自動車使用をできるだけ抑制し，自動車の使用者に負の外部性のコストを負担させ，公共交通機関の使用者の資金負担を軽減させることができる．

社会的公正のため，受益者負担の原則の適用を調整する事例を水道料金を使って説明する．一般的に水道の料金体系は一般家庭の使用する一定量の生活用水の料金を低めに抑え，一定量を超える生活用水や業務用の水の料金を高めに設定することにより，全体として，水道施設の建設費および維持管理費の回収を図るようにデザインされている．特に，貧困家庭の水道料金は，減免措置が適用されたり，税金から補助金が出されたりすることもある．

インフラの必要資金の回収は上記のとおり，「受益者負担」が原則であるが，開発途上国では，インフラ需要が多く，かつ市全体に占める貧困者家庭の割合も大きいため，インフラの投資主体である，地方自治体や地方政府機関が建設コストの多くを負担しているのが実情である．そのため，個別のインフラプロジェクトのファイナンスの基盤になっている，地方自治体の財政（収入支出）構造を理解する必要がある．

アジア地域の国々では，民主化の進展と経済活動の効率化を促進するために，地方分権化の傾向が顕著である．地方分権の基本的な考え方は，地方のことは，地方が一番良く知っており，現場から離れた中央政府が地方に関わる政策や投資決定をするよりは，地方自治体に決定権限を委譲した方が，迅速に合理的な決定ができ，経済効率もよくなるという考え方に基づく．インフラの投資決定は市民の生活や，地方経済の成長にとって重要な決定事項である．地方分権の度合は，インドネシアのように，大幅な決定権と必要な資金を地方政府に移譲している国から，インド政府のように，都市開発を州政府の管轄とし，地方自治体の決定権の範囲と資金の配分を州政府で決めている国等さまざまである．

インフラのファイナンスの観点からは，地方分権制度のもとで，地方自治体にどのようなインフラサービスの供給義務があり，かつ地方財政法のもとで，その資金源がどのように確保されているかが重要である．

地方自治体の収入源は，(1)自己収入，(2)中央政府もしくは，州政府等の上部政府からの財政移転，および(3)借入金である．自己収入には税収入と税収入以外の収入がある．税収入には，固定資産税，不動産売買税，所得税，企業税，消費税等が含まれる．地方自治体にどのような種類の税の徴収および支出権が与えられているかは，各国の地方財政法で規定されており，一律ではない．税収入以外の収入には，水道料金のような公共サービスの使用料金，会議場や公営住宅等の不

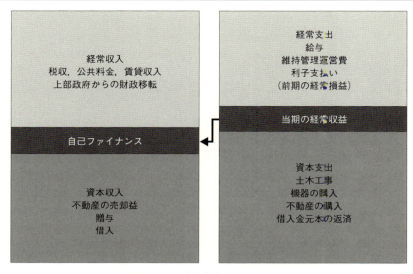

図 11-2 　地方自治体の収支構造
出典：Farvaque and Kopanyi et al, 2014 を翻訳

動産の賃貸収入，不動産（土地建物等）の売却益等が含まれる．

　上部政府からの財政移転は，多くの国の地方自治体の重要な収入源であり，中央政府や州政府等の上部政府が地方自治体に財政補助をして，人口や経済規模が異なる地方自治体の格差を是正し，基本的なインフラやサービスをどこの自治体の住民にも供給できることを目的としたものである．補助金には，下水道の普及等使途に制限のあるものと，使途に制限のないものがある．一般的に，中国のように中央政府に徴税権が集中しており，地方税収源の少ない国では，財政移転の規模が大きくなる．借入金は地方債や金融機関からのローンである．借入金はインフラファイナンスの重要な資金源である．

　地方自治体の支出は経常支出と資本支出に分かれる．経常支出は，職員の給与，賃貸料，事務経費，資産の維持管理費，利子の支払い等である．資本支出には，土地の購入，インフラを含む資産の建設コスト，借入金の元本返済等が含まれる．図 11-2 は地方自治体の収支構造を図で示したものである．地方自治体が住民に基本的なインフラとサービスを提供するためには，経常収入が経常支出をうわまわり，その経常収益で，資本支出の一部をファイナンスできる財政構造になっていることが大切である．

　しかし，開発途上国の地方自治体の多くは，いろいろな要因でこのような健全な財政構造を持てないのが実情である．アジアの国々で地方分権化が進み，イン

フラ建設やサービスの提供等，地方自治体の支出責任が拡大したにもかかわらず，それに伴い，徴税権等の委譲がなされず，収入の増加がみられないことが，地方財政の悪化の一因となっている．農村部からの人口流入による急激な都市化の進む中国の地方自治体は，これまで固定資産税の徴税権がなかったため，膨大なインフラの資金を土地の使用権売却益で賄ってきた．しかし，土地の供給には制約があり，固定資産税等の持続可能な収入源を確保しなければ，財政危機に陥る危険がある．また，土地の使用権の売却に伴う住民移転の問題や，経済的な需要に基づかない郊外の土地開発は，投機を目的とした土地の買い占めや無秩序な都市の拡散（urban sprawl）の原因にもなっている．また，開発途上国の経済基盤の弱い地方自治体では，地域の雇用機会が少ないため，雇用対策として市の職員を増やす傾向にある．このような地方自治体では，経常収入の大半が職員の給与に使われ，資本支出をファイナンスできない状況にある．アジアの諸都市は，このような歪な地方財政構造のもとで，急激な都市化に伴い需要の増大していくインフラの建設やサービス提供の財源を確保しなければならない．地方財政の健全化が実現しなければ，地方自治体がインフラの需給ギャップを根本的に解消することはできない．地方財政制度の改革は，その国の中央政府と地方政府の統治に関わる政治的な問題が絡んでくるため，非常に複雑であり，当然地方自治体だけでは，解決できない問題である．地方自治体は中央政府による地方財政制度の改革を待つだけではなく，自分たちでできうる手段で，地方財政の健全化を図らなければならない．収入面では，受益者負担の原則を徹底して，インフラや各種サービスのコスト回収に努めることが大切である．各種税金や料金も，徴収ベースの見直しや徴収率の向上により，増収を図らなければならない．ただし，受益者負担や税金の増額は，インフラや各種サービスの量と質を向上させなければ，市民の反感を買うことになる．その結果，市長や市議会議員が次の選挙で落選したり，水道料金やバス料金の値上げがきっかけになり，暴動等の政情不安を引き起こすリスクもある．収入の増加とともに，職員数を適正規模に減らしたり，資産を効率的に活用する等，支出の削減も重要である．支出の削減にあたっては，すべての支出項目を洗い出し，無駄な支出を削減するとともに，地方自治体でしかできない重要な支出項目に予算を優先的に手当てする必要がある．

11.3 PPP（官民連携）

社会経済インフラの建設と維持管理は地方自治体の重要な役割であるが，前述の，受益者負担の原則に基づけば，ある種のインフラの供給と資金回収を民間企業の資金力および技術と管理能力を活用して実現することもできる．増大するインフラの需給ギャップを埋めるため，従来公的セクターが実施してきたインフラ

事業を民間事業者に移転し，インフラの供給を実現する新たな手法として PPP (Public Private Partnership, 官民連携) が着目されている．PPP は 1990 年代にイギリスで導入されたのを皮切りに先進国および一部の開発途上国で活用されている．PPP は「公共資産や公共サービスを提供するために民間事業者が一定のリスクおよび経営責任を負うような官民間における長期間契約」と定義されている (World Bank, 2015)．民間事業者の役割は，個々の PPP 事業の特性により，インフラ (ここでは資産と呼ぶ) の設計・建設・資金調達・運営・維持管理のすべて，もしくはそのうちのいくつかの責任を負担するものとなっている．たとえば，通信や発電事業の場合，民間事業者が資産の建設・運営維持管理から資金回収まですべての責任を担い，政府は料金やセクター全体のシステムの統合や競争の確保，安全基準等の遵守といった規制監督を行う．鉄道や下水道の場合，資産の建設を政府が行い，資産を民間事業者にリースして，民間事業者が運営維持管理を行うこともある．PPP における民間事業者の報酬体系は各事業の特性により異なる，受益者負担 (user-pay) もしくは政府支払 (government-pay) のどちらか，またはその両方の組み合わせが適用される．受益者負担の場合，民間事業者がサービス利用者から直接料金を徴収するのに対し，政府支払では，民間事業者が提供するサービスの対価として，政府が料金 (availability payment) を支払う．

　PPP の目的は，インフラ建設のための財源を民間から確保し，地方政府の財政負担を軽減するとともに，民間の技術や管理能力を活用し，インフラサービスの供給の効率を上げることである．地方自治体の供給するサービスのうち，ごみの回収やエネルギーのような，私的財の提供は，PPP で行いやすい．ただし，電力や水部門のように規模の経済性から自然独占が生ずる場合は市場の競争原理が働かないため，政府が料金等の規制を行う必要がある．また，自然独占の生ずる事業の規制には，その部門を熟知した技術者，財務，会計，法律の専門家が必要である．しかし，人材不足の開発途上国では，PPP で参入した民間企業によるインフラサービスの供給を効果的に監督，規制する組織を設立することが難しい．そのため，地方自治体が経営効率の悪い PPP 事業の料金の値上げを認め，サービスを受ける住民の利益を損なうこともある．一方，一般道路等の公共財は政府による供給に向いており，民間企業が PPP で参加する場合は，政府の造った資産の運営または維持管理を委託ベースで引き受けることもある．

　PPP 契約の形態は，資産のファイナンス責任，運営維持管理責任，資産の所有権，各事業リスクの負担，民間事業者の報酬体系といったさまざまな要因によって異なる．一番重要な点は，各事業リスクの分担であり，基本原則は官民間で最も適した当事者に割り当てることである．また，資産の保有形態も重要で，民間企業の資産保有率があがるほど，民間企業の資金負担とリスクが増大する．

11.3 PPP（官民連携）

表 11-2 主な PPP のモデルの概要

PPP の形態	定義	運営維持管理	資産のファイナンス	資産の所有権
マネジメントコントラクト	一定の期間地方自治体の所有する資産の業務運営維持管理を民間企業に委託し，地方自治体は委託費を支払う．	民間	地方自治体	地方自治体
リース	民間企業が，地方自治体の所有する既存の資産を一定期間維持運営管理する．民間企業はリース費を支払う．	民間	地方自治体	地方自治体
コンセッションまたは BOT (Built, Own and Transfer)	民間企業が資産の購入や建設とその資産の維持管理運営をおこない，コンセッション期間後に資産を地方自治体に移管する．	民間	民間	地方自治体・民間（個別事業により異なる）
合弁事業	地方自治体と民間企業が共同で会社を設立し，事業を行う．持ち株比率は，両者間で決められる．	地方自治体・民間	地方自治体・民間	地方自治体・民間

民間企業としては，事業からそれに見合った，投資収益が見込めなければ，事業への参画を取りやめる．PPP 契約の形態とその定義は，各国によって異なるが，表 11-2 に主な PPP 契約の形態とその特性を説明する．

前述のとおり，PPP 契約においては適切なリスク分担が重要であり，地方自治体と民間企業の両者にとって，どのようなリスクが伴うかを特定しておかなければならない．開発途上国では，PPP の規制の枠組みやルールが明確でないことが多く，PPP 契約の履行の際，地方自治体と民間企業が料金の改定の合意にいたらず，PPP 契約の再交渉が必要になり，その間サービスの提供に悪影響がでることもある．また，PPP を請け負う民間企業は透明性の高い競争により選定されるのが原則であるが，例外的に随意契約等で特定の企業が選ばれた場合は，政治家や政府高官と癒着して腐敗が生じるリスクもある．また，大都市の水道施設等建設コストが高額であり，開発途上国で資金を調達できない場合，資金

表 11-3　PPP の投資先（2014）　単位：百万 US $

	平均投資額	総投資額	%
ブラジル	485	44,154	41
トルコ	735	12,489	12
ペルー	677	8,123	8
コロンビア	498	6,969	6
インド	141	6,244	6
他の諸国	240	29,574	27
合計	419	107,535	100

出典：The World Bank（2014）

力の豊富な先進国の民間企業が PPP 契約を受注することがある．外国の企業が，開発途上国で PPP 事業を行う際には，水道料金等の料金収入は現地通貨建てになるため，カントリーリスクの一部として為替リスクにさらされることになる．したがって，開発途上国の PPP 事業に海外企業が参入するためには，PPP 事業の規制の枠組みとルールの他に，その国の経済が安定しており，急激なインフレーション等に伴う，投資先の国の通貨切り下げのリスクが大きくないことも重要になる．地方政府と民間事業者の利益・義務関係は，PPP 契約により規定される．PPP 事業の効果的な実施には，PPP 契約の前提となる規制制度が十分な

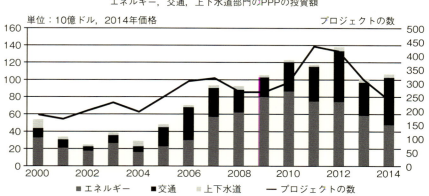

図 11-3　PPP の投資セクター（2014）
出典：世界銀行，PPIAF，PPI プロジェクトデータベース（World Bank, 2014）

透明性を保って運用されることに加え，事業監督機関に必要な能力が備わっていること，またマクロ経済環境が健全かつ安定していることが必要となる．これらの条件を満たした開発途上国はまだ少なく，大規模なインフラ事業に民間企業が参入できる開発途上国は限られている．2014年に開発途上国で実施されたエネルギー，交通，上下水道部門のPPP事業の約70%が中南米の3カ国（ブラジル，コロンビア，ペルー）とトルコ，インドに集中している（表11-3）．

また投資セクターの内訳も，料金収入の回収がしやすい，エネルギーや交通（有料道路が多数と思われる）が大半を占め，都市インフラとして重要な上下水道部門でのPPP事業の割合は少ない（図11-3）．

11.4 開発利益還元

PPPの一形態として，開発利益還元（Land Value Capture）が近年注目を浴びてきている．開発利益還元とは，政府によるインフラ建設や規制の変更により，土地の価格上昇の利益を得た不動産所有者が，その利益の一部を政府に還元することである．たとえば，地方自治体が地下鉄を建設し，駅の周辺の容積率を増加させた場合，駅周辺の土地の価格は大幅に上昇する．この土地価格の上昇は土地の所有者自身の投資の結果ではないので，政府は土地の所有者に土地の上昇分の一部を税金や費用の形で支払わせて地下鉄の建設コストを回収したり，土地の一部を駅舎や駅前広場用の土地として供給させたりすることにより，開発利益の還元を図ることができる．図11-4は土地価格の構成要素を示すものであり，開発利益還元の対象となる部分は，下から3番目の公共インフラ投資または土地使用に関わる規制の変更に伴う，土地価格の上昇分である．

開発利益還元の手法は税または費用ベースの手法と，開発ベースの手法に大別される．税または費用ベースの手法では，土地所有者は，税もしくは費用として，開発利益の一部を政府に支払うことになる．税または費用ベースの典型的な例は，不動産税である．ただし，不動産税の対象となる土地価格の上昇は，開発利益の部分と，図11-4の一番上の人口増や経済成長等に伴う価格上昇分の両方に適用されるため，すべてが開発利益還元分とは言えない．

また，不動産税は，地方自治体の主要な収入源であり，すべてがインフラ投資に充てられるわけではない．アメリカの多くの地方自治体は，特定地域におけるインフラ投資等による将来の不動産税の増収分を返済源として起債し，インフラ投資資金を確保する，Tax Incremental Financing（TIF）という手法を採用している．開発途上国では，コロンビアの地方自治体が道路や水道等を建設した際に，これらのインフラの恩恵を受けた地区の住民から，改善費（Betterment Fees）を徴収している．

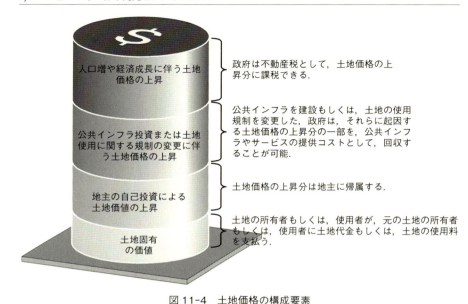

図11-4　土地価格の構成要素
出典：Hong and Brubaker（2010）より筆者作成

　開発ベースの手法では政府もしくは政府機関（たとえば市営鉄道企業）が，インフラ投資で価格の上昇した土地を売却もしくはリースすることにより，開発利益の還元を図る．開発ベースの開発利益還元手法は，香港や日本の都市公共交通のファイナンスに長い間適用されてきている．香港では　R＆P（Railway Plus Property）という手法で，218 km の地下鉄の建設コストの大半を捻出しているだけではなく，1960年から2005年にかけ，香港地下鉄の主要株主である香港政府は，1,400億HK$ の収益を確保している．香港ではすべての土地は政府が所有しており，R＆P方式では，政府は香港地下鉄に，駅周辺の開発用地の使用権を地下鉄建設前の市場価格で売却する．香港地下鉄は民間不動産業者とその土地を共同開発し，地下鉄の建設による地価の上昇分を地下鉄の建設コストの回収に充てている．香港のR＆Pの方式では，香港地下鉄の不動産開発部門が，開発の計画から実施に至るまで，主導的な役割を担う．R＆Pは1980年代の，駅前の単体高層住宅の建設から始まり，2010年代には香港国際空港行きのエアポートエクスプレスの始発ターミナルである，九龍駅と駅周辺の商業施設，ホテル，高級住宅を含む大規模な開発に見られるよう，鉄道と都市の一体的開発を手掛けるようになってきた．

11.4 開発利益還元

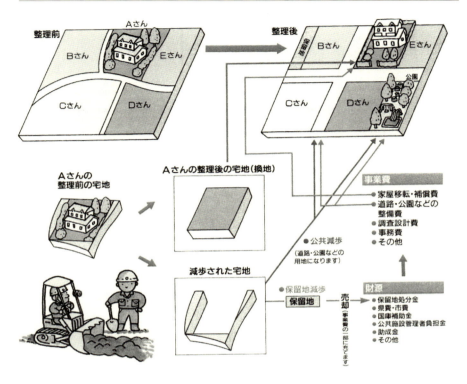

図 11-5 区画整理の仕組み

出典：国土交通省

　開発ベースの手法は日本でも，戦前から阪急電鉄株式会社や東京急行電鉄株式会社の民間鉄道が活用している．これらの民間鉄道は鉄道建設と一体的に沿線の宅地開発やターミナル駅周辺開発を行い，宅地の販売益や商業施設の収益を鉄道建設コストや維持管理費の一部に充当している．東急電鉄は，沿線の宅地開発に土地区画整理（図 11-5）を導入して，沿線地域の一体的開発を効率的に行うことにより，開発の質を大きく向上させ，鉄道を含めた投資に対する回収率を高めている．土地区画整理は，日本の都市開発で重要な役割を果たしている開発利益還元手法である．土地区画整理では，区画整理に参加する地主は，自分の土地の一部を無償で提供する．各地主から提供された土地は，道路や公園等の公共用地に使用するか，売却してインフラ等の公共施設の建設費用に充当される．区画整理後，地主の所有面積は減少するが，区画が整理され，インフラの整備された土地の価格は上昇するため，地主は区画整理に参加する利点がある．

■市街地再開発事業のイメージ

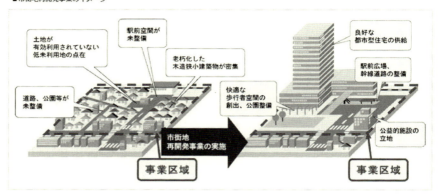

■事業の仕組みのイメージ（第一種市街地再開発事業の場合）

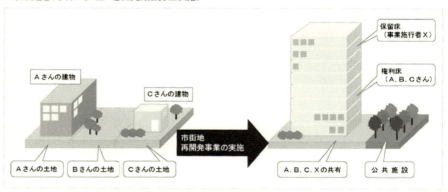

図 11-6　市街地再開発事業の仕組み
出典：UR 都市機構（http://www.ur-net.go.jp/haru3/outline/）

　区画整理の概念を立体的に適用した開発利益還元手法が，市街地再開発事業（図 11-6）である．市街地再開発事業では，容積率が低く開発密度の低い細分化した既存の土地をまとめて容積率を上げ，土地の高度利用を図るものである．都市街地再開発事業は，地域経済の活性化や，地震等の自然災害による被害の軽減策としても有効なため，国や地方自治体が補助金を支給して支援している．アジアの都市では都心部が無秩序に形成されてきたところが多いので，日本の都市が行ってきた都市再開発の手法は，アジアの都市の再開発にも応用できるであろう．

11.5 都市開発金融

　水道や公共交通等の都市インフラは建設コストが大きく，そのコストの回収には20年以上かかることが多い．先に述べたように，地方自治体は，経常利益（経常収入から経上支出を差しひいたもの）をインフラの建設に充当する．しかし，当期の経常利益だけでは膨大なインフラ建設コストをカバーできないため，借入金でインフラの建設コストを確保しなければならない．

　インフラの建設を借入金で行い，インフラの資産の使用期間中に長期にわたり返済していく方法は，インフラの建設時に生ずる地方自治体の財政負担をインフラの資産寿命の全期間に均等に分散することができるため，現世代だけではなく，インフラの便益を享受する将来の世代にも，受益者として負担せしめることから，世代間の公正な負担も実現できる．

　都市開発金融の仕組みは国ごとに異なる．アメリカのように，金融市場の発達している国では，地方自治体は地方債を起債して，インフラ建設資金を確保するとこができる．地方債には，税収を返済財源とした一般債と，有料道路のように事業の料金等の収益を返済財源とした事業債とがある．PPP事業では，民間企業が事業債で資金調達を行うこともある．アジアを含む開発途上国の多くの国では，金融資本市場が十分発達していないため，地方自治体が地方債を起債してインフラの建設資金を確保するケースは少なく，開発途上国の都市インフラの整備をするためには，その国の金融市場の育成が必要になってくる．

　地方債市場の発達していないアジアの開発途上国では，地方自治体もしくは地方自治体の所有する水道公社等の公共事業体が政府系銀行や民間銀行から借り入れを行い，インフラ事業を行うこともある．これらの銀行による都市インフラ事業融資にはいくつかの問題点がある．開発途上国では金融市場が未発達なため，これらの銀行は短期融資しかできないことが一般的である．地方自治体や公共事業体は，短期借入れを行い，返済期限が来ると別の短期融資に乗り換えてインフラをファイナンスしているため，金利変動により事業の収益が悪化するリスクがある．また，民間銀行は，企業融資の知識・経験はあるが，都市インフラ事業や地方自治体に対する貸付の知識・経験が乏しく，土地等を担保に取ることができないことから，都市インフラ事業への融資には消極的なことが多い．政府系の銀行については，中央政府等の指示により地方自治体のインフラ事業への融資を積極的に行うこともあるが，融資にあたって，事業の収益性や地方自治体の財務の健全性等を融資条件とするのではなく，州政府や中央政府による暗黙の債務保証を前提として貸付を行うことも多く，結果としてインフラ事業に対する貸付が不良債権化することもある．

　金融市場が未発達な開発途上国では，世界銀行，アジア開発銀行等の国際開発

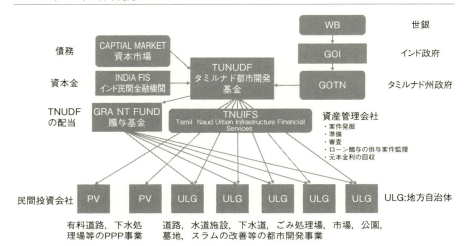

図 11-7　タミルナド都市開発基金の仕組み

金融機関や国際協力機構（JICA）からのローンで都市インフラの整備を行っている国も多い．上記のような都市インフラ融資の問題点を克服するために，政府が民間金融機関と協力して，都市インフラに対する貸付を専業とする都市開発基金や都市開発銀行を設立することがある．その成功例の1つが，世界銀行の支援を受けてインドのタミルナド州で設立されたタミルナド都市開発基金である（図11-7）．タミルナド都市開発基金の特色は，基金が資産管理会社により運営されていることである．資産管理会社は民間金融機関とタミルナド州政府の合弁会社で，民間金融機関が51％の株式を保有する民間企業である．資産管理会社は，州政府の保有する基金と基金運用契約を結び，都市インフラ案件の発掘，審査，ローンの貸付，事業実施の監督，および貸付回収を担当する．資産管理会社は，プロジェクト審査マニュアルに従い，事業の財務，経済，技術的実施可能性を確認するとともに，地方自治体の借入能力を検討した上で融資を実行するため，不良債権は少なく，ローンの回収率も高い．タミルナド都市開発基金は，タミルナド州の100以上の地方自治体が行うインフラ事業に融資をしている．基金のローンの貸付金利はインド政府，タミルナド州政府から転貸された世銀のローンの金利に，基金の管理費，リスクプレミアムと利益を加えたものである．タミルナド都市開発基金が，スラム地区の洪水制御事業など貧困対策に関連する事業に融資を行う場合は，タミルナド都市開発基金の運用益を積み立て設立した州政府の贈与基金（grand fund）から贈与を，市場金利のローンとともに供与

し，地方自治体の財政負担を軽減する．基金は地方自治体のみならず，水道事業や，有料道路を建設する民間企業に対しても貸付を行っている．基金設立の4年後の2000年に，同基金はインドの国内金融市場で基金債を発行し，59億ドルの資金調達に成功している．タミルナド都市開発基金の成功の要因は，(1)資産管理業務を経験と知識のある民間の資産管理会社に委託したこと，(2)貸付金利を市場金利ベースとし，ローンの元本金利の回収を高めることにより，市場で高い評価を受ける資産を形成したことである．開発途上国の都市インフラのファイナンスを促進するためには，タミルナド都市開発基金のように都市インフラを対象とする能力の高い金融機関を育て，自国の市場から資金調立を図ることが，持続可能な方法と思われる．世界銀行，アジア開発銀行や国際開発機構等の開発金融機関は，水道施設や地下鉄のような，個別のプロジェクトを融資するだけではなく，タミルナド都市開発基金のような，途上国の都市開発金融機関の設立を支援することも大切である． [鈴木 博明]

※本章の草稿段階で世界銀行の能勢のぞみ氏と榊茂之氏から示唆に富むコメントを頂いたことに感謝する．

【参考文献】
ADB (2012) Key Indicators for Asia and the Pacific
Bindu N.Lohani (2015) Quality infrastructure for Asia: more than cash, concrete and steel (www.adb.org/news/op-ed/quality-infrastructure-asia-more-cash-concrete-and-steel-bindu-n-lohani)
ADB (2011) Financing Urban Infrastructure and City Development in Asia (http://www.adb.org/results/financing-urban-infrastructure-and-city-development-asia)
McKinsey Global Institute (2010) India's urban awakening: Building inclusive cities, sustaining economic growth
Suzuki, Hiroaki; Murakami, Jin; Hong, Yu-Hung; Tamayose, Beth. (2015). Financing Transit-Oriented Development with Land Values : Adapting Land Value Capture in Developing Countries. Washington, DC: World Bank.
Catherine Farvaque-Vitkovic and Mihaly Kopanyi, (2014) Municipal Finances: A Handbook for Local Governments, Washington, DC: World Bank.
Hong, Yu-Hung, and Diana Brubaker (2010), Integrating the Proposed Property Tax with the Public Leasehold System." In China's Local Public Finance in Transition, edited by Joyce Y. Man and Yu-Hung Hong,. Cambridge, MA: Lincoln Institute of Land Policy.
World Bank (2014) Global PPI Update
World Bank (2015) PPP Reference Guide (http://ppp.worldbank.org/public-private-partnership/library/public-private-partnerships-reference-guide-version-20)

第 12 章
国際協力

　アジア諸国の都市問題の解決，そして，持続可能な都市に向けて，国際協力も重要な役割を果たしている．たとえば，インドネシアのジャカルタでは，国際協力機構（Japan International Cooperation Agency：JICA）が中心となって策定した「ジャカルタ首都圏投資促進特別地域（MPA）マスタープラン」（2012年）において民間企業と協力してインフラ整備を進めることが示され，現在，マスタープランをふまえつつ，官民連携の枠組みを活用して，河川や下水道，鉄道，港湾などのさまざまな部門（セクター）にわたる都市インフラが整備されている（表12-1）．また，JICAだけではなく，オーストラリア，アメリカ，ドイツやオランダなどもジャカルタで事業を進めているし，国連ハビタットや世界銀行，アジア開発銀行などの国際機関も同様である．さらに，開発援助機関（ドナー）だけでなく，NGOや大学，さらには個人個人でもそれぞれに都市問題への取り組みがある．

　こうした都市問題の解決に向けた国際協力は持続可能な都市づくりに貢献し得るであろうか．本章は，その第一歩として，都市分野の国際協力をめぐる国内外の動向を素描することとしたい．具体的には，まず，国際協力の枠組み（概念や

表 12-1　インドネシア・ジャカルタ都市圏における JICA による主要な都市開発事業（2015年4月時点）

- 河川流域機関総合水資源管理能力向上プロジェクト（フェーズ2）（技術協力，2015年1月～18年12月）
- ジャカルタ首都圏投資促進特別地域（MPA）サポートファシリティー（技術協力（円借款附帯），2014年5月～17年4月）
- JABODETABEK 都市交通政策統合プロジェクト（フェーズ2，技術協力（円借款附帯），2014年8月～17年8月）
- タンジュンプリオク港緊急リハビリ事業（有償資金協力，2004年3月～）
- ジャカルタ都市高速鉄道事業（I）（有償資金協力，2009年3月～）
- タンジュンプリオク港アクセス道路建設事業（I）（有償資金協力，2005年3月～）
- タンジュンプリオク港アクセス道路建設事業（II）（有償資金協力，2006年3月～）
- ジャカルタ首都圏鉄道輸送能力増強事業（I）（有償資金協力，2014年2月～）
- ジャカルタ特別州下水道整備事業（有償資金協力，2014年2月～）
- ジャワ幹線鉄道電化・複々線化事業（第1期）（有償資金協力，2001年12月～）

出典：JICA ウェブサイトより作成

仕組み，規模など）を整理するとともに，都市分野の立ち位置を確認する（12.2）．次に，都市分野における国際的な潮流として，2015年に採択された世界的な開発目標「持続可能な開発目標」や主要な海外援助機関の都市開発分野の援助方針などの論調を概観し，また，都市問題に取り組む国際的なイニシアティブとして Cities Alliance やシティ・ネットの取り組みを紹介する（12.3）．続いて，日本の都市分野における国際協力の近況も紹介する（12.4）．こうした国内外の動向を学ぶことによって，持続可能な都市に向けた国際協力のありように対する考察を深めることが本章のねらいである．

12.1 国際協力の枠組みと都市分野の立ち位置

　本節では，まず，基礎的知識として国際協力の概念と仕組みなどを整理した上で，国際協力における都市分野の立ち位置を確認する．

(1) 国際協力の概念と仕組み
■ 国際協力に関連する諸概念

　「国際協力」というと，「ODA（政府開発援助：Official Development Assistance）」や「JICA」などの言葉がまず思い浮かぶかもしれないが，国際協力に関連する諸概念には，「開発協力」や「経済協力」，「国際貢献」といったものもある．このうち，政府開発援助や開発協力については，OECD（経済開発機構：Organisation for Economic Co-operation and Development）の DAC（開発協力委員会：Development Assistance Committee）による定義が国際的に幅広く用いられている．DAC によると，ODA とは，「DAC が作成する援助受入国・地域のリストに掲載された開発途上国・地域に対する，政府や政府機関等による，経済開発や福祉の向上に寄与することを主たる目的とした，供与または緩やかな条件での貸し出し」を言う．また，開発協力については，DAC が毎年データを公表しており，そこには，政府開発援助に分類されない政府資金や民間資金（輸出信用，直接投資金融，二国間証券取引など），民間非営利団体による贈与などが含まれている（日本では「経済協力」とも呼ばれる）．

　一方，「国際協力」や「国際貢献」は，明確に区別せずに使われることも多く，かつ，世界的な定義もないが，日本では，国際貢献という概念がしばしば軍事的貢献を含める形で使用されるのに対して，国際協力の範囲は非軍事的貢献に限定されている．また，国際協力は経済協力と重なる部分もあるが，国際間の人的交流や文化の紹介などの国際文化交流をはじめとして経済協力に分類されない活動も含まれる．

　国際協力や ODA，開発協力（経済協力），国際貢献という概念には，いずれ

図 12-1　開発援助を通して整備されたさまざまなインフラ：日本の援助によるジャカルタ都市高速鉄道「MRT Jakarta」建設（上）と世界銀行などの援助によるコミュニティインフラ（共同水場「MCK」）（下）（いずれもインドネシア・ジャカルタにて）

も開発途上国の人々に対する支援の要素を含んでいるが，その活動の範囲は，国際貢献＞国際協力＞開発協力（経済協力）＞政府開発援助，の順で広い取り組みを含むこととなる（下村ら，2009；OECD DCD-DAC ウェブサイト）．

■ 国際協力の仕組み：日本の開発協力の政策的枠組みと ODA の形態

　次に，日本における国際協力がどのような仕組みで行われているかをみておこう．

　政府や政府機関などによって実施される開発協力の政策的枠組みは（図 12-2），まず，大きな方針として，「開発協力大綱」（かつての「政府開発援助（ODA）大綱」）において日本の開発協力政策の理念や原則が示されている．2015 年 2 月に閣議決定された現行の大綱では，国際協力の理念を「平和国家として，国際

社会の平和，安定，繁栄に積極的に貢献すること」とし，世界的開発課題である「持続可能な開発目標（Sustainable Development Goals: SDGs）」への対応，官民連携，自治体連携や NGO 等との連携を重視している．

また，中期の方針として，各被援助国に対する5年間の「国別援助方針」，ジェンダー，教育，保健医療・感染症，水と衛生，環境保全，民主化支援，貿易・投資，防災各分野の方針を示した「分野別開発政策」が策定される．さらに，個別の課題や案件に対しては，新たな開発課題などに迅速に対応するための重点項目を明確にした「国際協力重点方針」が各年度まとめられ，国別援助方針の付属文書と位置付けられる「事業展開計画」には ODA 案件の一覧が示される（外務省ウェブサイト）．

こうした政策的枠組みをふまえて実施される ODA の形態は，大きくみると，ODA 対象国を直接支援する「二国間援助」と国際機関（国連諸機関や世界銀行，アジア開発銀行などの国際開発金融機関）に対する拠出・出資として「多国間援助」とに分けられる（図12-3）．このうち，二国間援助には，「贈与」と「有償資金協力」があり，「贈与」には ODA 対象国に対して（返済義務を課さず）必要な資金を贈与する「無償資金協力」や人材育成等を行う「技術協力」など，「有償資金協力」には，政府等に対して低金利かつ返済期間の長い緩やかな条件で貸付を行う「円借款」や ODA 対象国での事業実施を担う民間セクター等に対する融資・出資を行う「海外投融資」がそれぞれ該当する．たとえば，表12-1にあげたようなジャカルタの例でみると，ジャカルタ首都圏投資促進特別地域（MPA）マスタープランの策定は技術協力として実施され，また，ジャカルタ都市高速鉄道（図12-1）は円借款で進められている．特に円借款は，技術協力や無償資金協力よりも大きな規模の資金を貸し付けることができ，大規模なインフラ整備の支援で活用されている．また，無償資金協力は，現在，開発途上国の中でも比較的所得水準の低い諸国を対象として，病院や橋の建設などの基本的インフラの整備や教育，エイズ，子供の健康，環境など，人々の生活に比較的近い協力を扱っている．そして，これらの ODA の実施を中心的に担う機関が JICA ということになる（外務省，2015；JICA，2015；JICA ウェブサイト）．

(2) 国際協力の規模と都市開発分野

■ DAC データにみる国際協力の規模

こうした国際協力はどのくらいの規模のものになるのだろうか．その目安として，DAC による国際協力に関する報告書「Development Co-operation Report」やウェブサイトなどで公表している，世界全体での開発途上国への資金の流れをみてみたい（表12-2）．

この DAC のデータでいう資金には，文字通りの金銭に加え，各種の財・サー

第12章 国際協力

大方針

開発協力大綱
- 日本の開発協力政策の理念や原則を定める。
- 2015年2月に閣議決定された現大綱では、「平和国家として、国際社会の平和、安定、繁栄に積極的に貢献すること」を国際協力の理念に掲げ、世界的開発課題である「持続可能な開発目標(SDGs: Sustainable Development Goals)」への対応、官民連携、自治体連携やNGO等との連携を重視。開発協力の基本方針として、①非軍事的協力による平和と繁栄への貢献、②人間の安全保障の推進、③自助努力支援と日本の経験と知見をふまえた対話・協働による自律的発展に向けた協力、重点課題として①「質の高い成長」とそれを通じた貧困撲滅、②普遍的価値の共有、平和で安全な社会の実現、③地球規模課題への取組を通じた持続可能で強靭な国際社会の構築、を位置付ける。

中期の方針

国別援助方針
- 5年をめどに、被援助国等の開発ニーズ、開発計画や開発課題などを総合的に勘案して策定する。当該国等に対する日本の援助方針、相手国への援助の意義や基本方針、重点分野などを簡潔にまとめ、選択と集中による開発協力の方向性を明確化する。
- 原則としてすべてのODA対象国について策定するとしており、2014年10月までに106ヶ国の援助方針を策定。

分野別開発政策
- 開発に関する国際的な取り組みなどをふまえた分野別の方針。ジェンダー、教育、保健医療・感染症、水と衛生、環境保全、民主化支援、貿易・投資、防災に関するものが策定されている。

個別課題・案件

国際協力重点方針
- 年度毎に、外交政策の進展や新たに発生した開発課題などに迅速に対応するために重点事項を明確にするもの。
- 2015年度の重点は、①普遍的価値の共有、国際社会の平和と安定に向けた協力(法の支配・民主化・ガバナンスの確保、平和構築・人道支援・テロ対策、海上保安能力強化・海上交通路の安全確保、ジェンダー平等と人権の確保)、②開発途上国と日本の経済成長のための戦略的な開発協力の充実(インフラシステム輸出支援、中小企業等の海外展開支援、ビジネス環境整備、地方自治体の海外展開支援と地域社会の活性化、日本方式の普及、日本の医療技術・サービスの国際展開、資源・食料の安定供給確保)、③人間の安全保障の推進(防災・災害復興、感染症対策・ユニバーサルヘルスカバレッジ(UHC)の推進、環境問題・気候変動対策、ミレニアム開発目標達成支援、ポスト2015年開発アジェンダ対応支援)、④戦略的なパートナーシップの構築(戦略的なパートナーシップの強化、国民参加機会の拡大、文化・スポーツを通じた開発)。

事業展開計画
- 国別援助方針の付属文書。さまざまな開発協力手法を一体的に活用し、効率的かつ効果的にODAを企画、立案、実施すること、複数年度にわたるODAの予見可能性の向上を図ることが目的。実施決定から完了までの段階において、ODA案件を開発協力を行う際の重点分野・開発課題・協力プログラムに分類して、複数年にわたって一覧できるようにまとめている。
- 原則としてすべてのODA対象国について策定する。

図 12-2 日本の開発協力の政策的枠組み
出典：外務省 (2015) および外務省ウェブサイトより作成

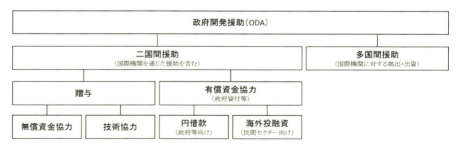

図 12-3 日本の ODA の形態
出典：外務省 (2015) より作成

ビスを金額に換算したものも含まれており，その主要な「出し手」は，政府や国際協力機構（JICA）などの政府機関，民間企業，民間非営利団体（NGOなど）に分類されている．2013年の実績でみると，世界全体で4,836億ドルに相当する資金が開発途上国へと流れ，そのうちODAは1,672億ドル（34.6％），その他の政府資金は64億ドル（1.3％）であった．ODA実績を多い順をみると，アメリカ（313億ドル），イギリス（179億ドル），ドイツ（142億ドル），日本（116億ドル），フランス（113億ドル）とDAC諸国が続くが，サウジアラビア（57億ドル，第7位）やアラブ首長国連邦（54億ドル，第10位），トルコ（33億ドル，第14位）と非DAC諸国も存在感を示している．また，近年，活発な援助を展開する中国は，2010年から12年にかけて総額137億ドルの援助（但し，DAC定義とは異なる）を実施したとの報もある（Kitano, et al., 2015）．一方，「受け手」でみると，DAC諸国によるODA（2013年）のうち，地域別ではサブサハラ地域が最も多くなっているが（285億ドル，開発途上国全体の26.9％），国別にみると，アフガニスタン（505億ドル），ミャンマー（342億ドル），ベトナム（301億ドル），インド（285億ドル），インドネシア（206億ドル）とアジア諸国が目立つ．

　このODA実績でみると，（少なくとも金額という点で）日本の国際社会への貢献は大きいようにも思われるが，これまでの経緯をふりかえると，やや見劣りがする．日本のODA実績は70年代，80年代を通じて増加しており，1989年には「世界最大の援助国」，その後も1990年を除いて2000年までの10年の間は世界最大の援助国であったが，その後の厳しい経済・財政状況の下でODA実績は大きく増加はしていない．また，国際社会で求められている「経済規模に見合った貢献」という点からみても，その指標とされる「対GNI（国民総所得：Gross National Income）比」は2013年に0.23％であり，これは，国際社会で目標とされる0.7％やDAC諸国平均の0.3％にも届いていない．

　ところで，開発途上国への資金の流れには，少なからぬ民間資金が開発途上国に向かっていることも注目に値しよう．2013年の実績では2,758億ドル（57.0％），これはODA総額と比べてもおよそ2倍であり，2004年からの10年で比較しても開発途上国への民間資金の流れは大きく増加している．但し，民間資金で注意を要するところは，典型的には2008年や2009年の状況にみられるように，大きく増減することもある．民間資金の流れは，「出し手」，「受け手」双方の社会経済的な動向，たとえば，世界的な影響という点でみると2008年のリーマンショックなど，に大きく影響されているということであろう．また，民間非営利団体による贈与（343億ドル）もまた増加傾向にある．

表 12-2　開発途上国への資金の流れ

(単位：百万ドル)

	2004年	2005年	2006年	2007年	2008年	2009年	2010年	2011年	2012年	2013年
政府開発援助（ODA）	92,149	120,771	120,243	122,168	144,422	140,152	147,644	160,988	150,614	167,193
DAC諸国[1]	80,130	108,296	105,415	104,917	122,784	120,558	128,369	134,717	126,911	134,858
日本	8,922	13,126	11,136	7,697	9,601	9,467	11,058	10,831	10,605	11,582
国際機関[2]	8,704	9,390	10,245	11,634	13,197	13,581	12,747	17,391	17,479	15,959
非DAC諸国	3,316	3,085	4,583	5,616	8,441	6,013	6,528	8,881	6,224	16,376
その他政府資金[3]	-2,773	3,975	-8,090	-816	4,390	14,839	11,777	6,522	8,918	6,409
DAC諸国[1]	-5,418	1,986	-9,822	-5,491	-55	10,148	6,035	7,279	9,800	7,027
日本	-2,372	-2,421	2,438	211	-1,986	8,266	3,662	2,905	5,393	1,286
国際機関[2]	1,856	1,595	1,855	4,716	4,448	4,693	5,583	-794	-999	-612
非DAC諸国	789	394	-124	-42	-3	-2	160	36	117	-6
民間資金[4]	77,631	182,885	203,102	319,356	130,752	182,322	345,057	328,371	307,686	275,781
DAC諸国[1]	77,631	182,885	202,108	318,626	130,026	181,608	344,386	327,492	306,951	274,961
日本	4,392	12,278	12,290	21,979	23,738	27,217	32,837	47,594	32,494	45,133
非DAC諸国	..	..	994	730	727	714	670	879	735	820
民間非営利団体による贈与[4]	11,384	14,879	14,827	18,397	23,859	22,168	34,006	35,018	35,480	34,264
DAC諸国[1]	11,384	14,823	14,749	18,352	23,787	22,048	33,887	34,818	35,369	34,031
日本	425	255	315	446	452	533	692	497	487	458
非DAC諸国	..	57	78	46	72	120	118	200	111	233

出典：OECD（2015）およびDACウェブサイトより作成

1) 「DAC諸国」には,日本のほか,アイスランド,アイルランド,アメリカ,イギリス,イタリア,オーストラリア,オーストリア,オランダ,カナダ,韓国,ギリシャ,スイス,スウェーデン,スペイン,スロバキア,スロベニア,チェコ,デンマーク,ドイツ,ニュージーランド,ノルウェー,フィンランド,フランス,ベルギー,ポーランド,ポルトガル,ルクセンブルグが含まれる.
2) 「国際機関」には欧州連合（EU Institutions）が該当し,国連諸機関や国際開発金融機関（世界銀行やアジア開発銀行など）は含まれない.なお,国連諸機関や国際開発金融機関に対する対する各国からの拠出や出資は「政府開発援助」に含まれるが,各国からの拠出・出資金とこれらの機関から開発途上国への資金の流れとは一致しない.
3) 「その他政府資金」は,政府開発援助に分類されない条件での貸し付け（商業ベースの金融と比較してどの程度有利なのかを示す基準「グラント・エレメント（Grant Element：GE）」が25%を超えるもの）などが含まれる.
4) 国際機関によるものは該当しない.

■ 都市分野の国際協力

　こうした開発途上国への資金の流れのうち,どれほどが都市に向けられているのだろうか.上述のように,都市分野の国際協力事業はさまざまな部門にわたり,また,各国・機関によって定義が異なることから,国際的に比較可能なデータはないと言ってよいが（再びJICAによるジャカルタの有償資金協力だけをみても（表12-1）,都市高速鉄道事業やタンジュンプリオク港事業は「運輸部門」,

表 12-3 世界銀行によるテーマ別融資

(単位：百万ドル)

	2010年度	2011年度	2012年度	2013年度	2014年度
経済管理	3,950	655	1,293	484	955
環境・天然資源管理	4,337	6,102	3,997	2,470	3,883
金融・民間セクター開発	17,726	7,981	4,743	4,380	8,028
人間開発	8,421	4,228	4,961	4,348	5,192
公共セクター・ガバナンス	5,750	4,518	4,035	3,790	5,252
法規	207	169	126	590	291
農村開発	5,004	5,636	5,443	4,651	6,437
社会開発・ジェンダー・貧困層の参加支援	952	908	1,247	1,310	1,064
社会的保護・リスク管理	5,006	5,691	3,502	3,956	3,585
貿易・地域統合	1,818	2,604	1,872	2,707	1,643
都市開発	5,575	4,514	4,118	2,861	4,511
総額	58,747	43,006	35,335	31,547	40,843

出典：World Bank（2015）より作成

1) 年度は7月～翌年6月．四捨五入のため総額は各テーマの合計と必ずしも一致する訳ではない．なお，訳語は世界銀行による．

下水道整備事業は「社会的サービス（上下水道・衛生）部門」に分類され，一般的には実績データも部門毎に公表される），ここではいくらかのデータをみてみたい．

たとえば，世界銀行のデータによると（表12-3），2010年度の融資総額587億ドルのうち，56億ドル（9.5％）が「都市開発」に関わるものであり，ここ5年間を見ても，金額の差異はみられるものの，融資総額の概ね10％が都市開発に向けられている．また，この数字を（世銀の定義による）地域別にみると，アフリカ地域では融資総額116億ドルのうち8％，東アジア・太平洋地域（日本で言うところの東南アジア諸国を含む）では63億ドルのうち24％，ヨーロッパ・中央アジア地域では72億ドルのうち3％，ラテンアメリカ・カリブ海地域では60億ドルのうち12％，中東・北アフリカ地域では35億ドルのうち27％，南アジア地域では79億ドルのうち8％がそれぞれ都市開発に向けられた融資であった（World Bank, 2015）．各地域の置かれた状況によって，融資総額や都市開発の占める割合は異なるが，アジア諸国では，特に東アジア・太平洋地域では，少なからぬ割合の融資が都市開発に向けられているということになろう．

アジア開発銀行は，2014年の融資総額229億3,000万ドルのうち，22億9,000万ドルが水道・都市インフラに対する支出であった．1968～2014年の

間，各年の総融資額に対する都市部門への融資の割合は，世界銀行と同様に平均10％程度であり，そのうち，分野横断型（マルチ・セクター）に分類されるものが44％，ついで水と衛生，廃棄物管理に係る事業が43％であったと報じている（ADB, 2015；ADB, 2013）．また，国連ハビタットの事業は，そのすべてが都市に関わるものであるが，2013～14年の事業支出は3.4億ドル（うちアジア・太平洋地域1.3億ドル）うち，2011～12年に4.4億ドル（うちアジア・太平洋地域2.4億ドル）であった（UN-Habitat, 2015）．さらに，今後は，新しい国際開発金融機関「アジアインフラ投資銀行（AIIB）」の都市分野の動向も注目されよう．

特に世界銀行や国連ハビタットによる他の地域における事業規模と比較すると，（もちろん，金額が多ければよいという訳でもないし，そもそもこの金額が多いかどうかの判断も難しいところではあるが）アジア諸国では都市に重きが置かれているということになろう．

12.2 都市分野における世界的目標と主要援助機関の動向

本節では，都市分野の国際協力をめぐる国際的な潮流を概観するため，世界的な開発目標「持続可能な開発目標」を中心として，その経緯と都市に関する目標，そして，主要な援助機関（国連ハビタット，世界銀行，アジア開発銀行，JICA）による都市開発分野の援助方針を概観し，さらに，都市問題に取り組む国際的なイニシアティブとして，Cities Allianceやシティ・ネットの取り組みも紹介することとしたい．

(1) 都市問題に対する世界的な取り組み

開発援助が国際的な課題として取り組まれるようになるのは第二次世界大戦以降のことであり，都市分野の国際協力が世界的な取り組みになったのは1970年代のことである．もちろん，第二次世界大戦以前から，宗主国は植民地都市において，マスタープランを策定したりインフラ整備を行ってきた．たとえば，イギリスはハワードの田園都市の輸出を試みたし，後藤新平らは「台北市区計画」（1899年）を策定してインフラ整備を進めたが，それは植民地経営や商業的な性格のものであり，今日のような国際協力の考え方を有しているとは言い難いものであった．

開発途上国の多くが独立を遂げた第二次世界大戦後，急速な都市化に伴う都市問題が顕在化し始めると，国連諸機関や世界銀行などの国際的な枠組みの整備とともに，都市分野における国際協力の動きもみられるようになった．たとえば，インドネシアのジャカルタでは，1957年に国連の支援の下でイギリス人技術者

らによって「アウトラインプラン」というマスタープランが策定されたし，また，やや広く考えるならば，丹下健三のアブジャやル・コルビュジエのチャンディガルの都市計画など，建築家や都市計画家による活動も国際協力ととらえられるかもしれない．

1970年代に入ると，「ベーシック・ヒューマン・ニーズ」アプローチ，すなわち，人間にとって最低限必要な食料や栄養，基本的な社会サービス（保健・医療，衛生，初等教育など）に応えるべきだという考え方も重なり，都市問題，とりわけ住宅問題，への対応が国際的な課題となる．1976年にカナダ・バンクーバーで開催された「第一回人間居住会議（United Nations Conference on Human Settlements（Habitat I））」で採択された「バンクーバー宣言（Vancouver Declaration on Human Settlements）」は，1978年，現在の国連ハビタットの設立へとつながった（下村ら，2009；UN-HABITATウェブサイト）．また，世界銀行は1972年，都市分野で初めてとなる融資をセネガルのサイト・アンド・サービス事業に対して実施すると，都市分野の事業を本格化した（World Bank, 2010）．この頃，各国・機関もまた同様にさまざまな都市分野の事業を展開することとなった．

その後，開発途上国における都市問題への世界的な取り組みは，Habitat IIにおける「イスタンブール宣言」（1996年）や「持続可能な開発」の政策課題化などを経て，「ミレニアム開発目標（Millennium Development Goals: MDGs）」において再び本格化する．2000年9月，ニューヨークの国連本部で開催された「国連ミレニアム・サミット」に参加した189の国連加盟国代表は，「国連ミレニアム宣言（United Nations Millennium Declaration）」を採択し，「歴史上，最も広く支持され，最も包括的で，具体的な貧困削減の目標」としてミレニアム開発目標を掲げた．ミレニアム開発目標は，8項目の目標と18項目のターゲット，60項目の指標から成り，これらは2015年までに国際社会が達成すべき目標であるとされた．都市に関する目標は，目標7「環境の持続可能性の確保」として，「2015年までに安全な飲料水と基本的な下水施設への持続的なアクセスのない人口比率を半減する」（ターゲット10）や「2015年までに少なくとも1億人のスラム居住者の生活を顕著に改善する」（ターゲット11）にまとめられ，都市問題の中でもとりわけスラムの問題に焦点が当てられた．

ミレニアム開発目標の目標年にあたる2015年に開催された「国連持続可能な開発サミット（United Nations Summit on Sustainable Development）」では，193の国連加盟国によってアジェンダ案「私たちの世界を転換する：持続可能な開発のための2030年アジェンダ（Transforming Our World: 2030 Agenda for Sustainable Development）」が採択された．そして，ミレニアム開発目標に続き，かつ，開発途上国だけでなく先進国も含むすべての国々が達成すべき，

表12-4 持続可能な開発目標と都市分野のターゲット

目標1	あらゆる場所で，あらゆる形態の貧困に終止符を打つ．
目標2	飢餓に終止符を打ち，食料の安定確保と栄養状態の改善を達成するとともに，持続可能な農業を推進する．
目標3	あらゆる年齢のすべての人々の健康的な生活を確保し，福祉を推進する．
目標4	すべての人々に対して，包摂的かつ公平で質の高い教育を提供し，生涯学習の機会を促進する．
目標5	ジェンダーの平等を達成し，すべての女性と女児のエンパワーメントを図る．
目標6	すべての人々に対して，水と衛生へのアクセスと持続可能な管理を確保する．
目標7	すべての人々に対して，アフォーダブルで信頼でき，持続可能かつ近代的なエネルギーへのアクセスを確保する．
目標8	すべての人々のための持続的，インクルージブかつ持続可能な経済成長，生産的な完全雇用およびディーセント・ワークを推進する．
目標9	強靭なインフラを整備し，インクルージブで持続可能な産業化を推進するとともに，イノベーションの拡大を図る．
目標10	国内および国家間の不平等を是正する．
目標11	都市と人間の居住地をインクルージブで，安全，強靭かつ持続可能にする．
11-1	2030年までに，すべての人々に対して，適切で，安全，かつ，アフォーダブルな住宅及び基本的サービスへのアクセスを確保し，スラムを改善する．
11-2	2030年までに，脆弱な立場に置かれた人々，女性，子供，ハンディキャップのある人々や老人のニーズに特別な注意を払いつつ，すべての人々に対して，安全，アフォーダブルかつ持続可能な交通システムへのアクセスを提供する．とりわけ公共交通を拡大することによって道路交通の安全性を改善する．
11-3	2030年までに，すべての国において，インクルージブで持続可能な都市化と参加型で統合的かつ持続可能な人間居住に関わる計画及びマネジメントに関する能力を高める．
11-4	世界的な文化遺産や自然遺産の保全や保護の取り組みを強化する．
11-5	2030年までに，貧困層や脆弱な立場に置かれた人々の保護に焦点を当てつつ，水害をはじめとするさまざまな災害による死者や被災者を劇的に減少させるとともに，GDPに対する直接的な経済的損失を大きく減少させる．
11-6	2030年までに，大気の質や自治体などによる廃棄物管理に特別な注意を払いつつ，都市の環境に対する一人当たりの負の影響を低減させる．
11-7	2030年までに，とりわけ女性や子供，老人，ハンディキャップのある人々に対して，安全で，インクルージブかつアクセス可能な緑地や空地へのユニバーサルアクセスを提供する．
11-8	国家レベルと地域レベルの開発計画を強化することにより，都市部，都市周辺部及び農村部の間に経済的・社会的・環境的に望ましい連携を担保する．
11-9	2020年までに，インクルージブで，資源効率が良く，気候変動に緩和または適応し，災害に対して強靭な，統合的な政策・計画を策定し，それを実施する都市及び居住地の数を大きく増加させ，「仙台防災枠組み2015-2030（Sendai Framework for Disaster Risk Reduction 2015-2030）」と対応しつつ，あらゆるレベルでのホリスティックな防災マネジメント体制を整備し，それを実施する．
11-10	地元の建材を用いて持続可能かつ強靭な建築物を建設するため，資金協力や技術協力によって後発開発途上国を支援する．
目標12	持続可能な消費と生産のパターンを確保する．
目標13	気候変動とその影響に立ち向かうため，緊急対策をとる．
目標14	海洋及び海洋資源を持続可能な開発に向けて保全し，持続可能な形で利用する．
目標15	陸上生態系の保護，回復および持続可能な利用の推進，森林の持続可能な管理，砂漠化への対処，土地劣化の阻止および逆転，さらに，生物多様性損失の阻止を図る．
目標16	持続可能な開発に向けて平和でインクルージブな社会を推進し，すべての人々に司法へのアクセスを提供するとともに，あらゆるレベルにおいて効果的で責任あるインクルージブな制度を構築する．
目標17	持続可能な開発に向けて実施手段を強化し，グローバル・パートナーシップを活性化する．

出典：国連持続可能な開発目標ウェブサイトより

2030年までの開発目標として，17項目の目標と169項目のターゲットから成る「持続可能な開発目標（Sustainable Development Goals：SDGs）」がまとめられた（表12-4）．この持続可能な開発目標では，その目標の1つに「都市」が取り上げられ，「都市と人間の居住地をインクルージブで，安全，強靱かつ持続可能にする」ことを目標として，都市と人間居住のスラムの問題には継続的に取り組むとともに，交通，文化・自然遺産の保全，気候変動や災害への対応，緑地や国土計画，地域計画といった広域計画などを，より包括的な都市問題への対応を求めている．

1970年代に動き出した都市分野における世界的な取り組みは，ミレニアム開発目標から持続可能な開発目標に至る中で，開発途上国だけでなく先進国も含む全世界的目標として，かつ，スラムの問題から包括的な都市問題への対応へと展開してきた．そのなかで，国連ハビタット，世界銀行，アジア開発銀行やJICAといった，主要な援助機関の都市開発分野の援助方針には，各機関の立ち位置の違いが見えかくれしつつも，いずれも持続可能な開発目標への対応と包括的な都市問題への取り組みが示されている（表12-5）．

(2) さまざまな国際的イニシアティブの展開

1970年代以降，都市問題に対して世界的に取り組まれるようになり，さまざまな国際的なイニシアティブが立ち上がっている．居住問題では，第9章でも取り上げたACHR（住まいの権利のためのアジア連合）やSDI（バラック／スラム住民インターナショナル：Shack/Slum Dwellers International）をはじめとして国際的な活動には一定の蓄積がみられるようになったが，都市問題を広く扱う国際的イニシアティブは，上述のような包括的な都市問題への対応の必要性を考えると，とりわけ興味深い．本章では，都市問題に対する国際的イニシアティブとして，世界銀行や国連ハビタットを中心として設立された「Cities Alliance」と都市間協力の枠組みを進める「アジア太平洋都市間協力ネットワーク（シティ・ネット）」取り組みを紹介することとしたい．

■ Cities Alliance：都市貧困の削減と持続可能な都市開発に取り組む国際的なパートナーシップ

1999年に世界銀行や国連ハビタットなどが中心となって設立された「Cities Alliance」は，都市貧困の削減を通じて持続可能な都市開発を推進・強化することをねらう国際的なパートナーシップで，活動の目的は，①貧困削減と持続可能な開発における都市の役割を強化・促進すること，②メンバーやパートナー間のシナジーを活用・強化すること，③都市開発における国際協力や貸付の質を向上させること，としている．メンバーは，11カ国の政府（ブラジル，チリ，エチ

第 12 章　国際協力

表 12-5　主要援助機関の都市開発分野における援助方針

	国連ハビタット	世界銀行
概要	**設立・本部**　1978 年「国連人間居住センター」として設立．2002 年に改組して「国連人間居住計画」に．本部はナイロビ． **目的**　①居住問題に関する政策目的，優先順位及び指針を確立し，その実施を促進すること，②国連システム内の人間居住分野の諸活動を調整すること，③地域的または国際的性格を有する居住問題を研究し，その解決策を検討すること．近年は居住問題に加え，都市の制度整備や都市デザイン等にも力を注ぐ． **事業実績**　3.4 億ドル（2013〜14 年）．うち 1.1 億ドルがアジア・太平洋地域向け．	**設立・本部**　国際復興開発銀行（IBRD）及び国際開発協会（IDA）から成る．IBRD は，ブレトン・ウッズ協定の下，国際通貨基金（IMF）とともに設立，1946 年 6 月に業務開始．IDA は 1960 年 9 月に設立．なお，「世界銀行グループ」は，IBRD，IDA と国際金融公社（IFC），多数国間投資保証機関（MIGA），投資紛争解決国際センター（ICSID）によって構成．本部はいずれもワシントン DC． **目的**　世界最大の IBRD：中所得国及び信用力のある低所得国の政府に対する貸出を行う．IDA：最貧国の政府に無利子の融資（クレジット）や贈与を提供する．世界最大の開発援助機関． **融資総額**　587 億ドル（2014 年度）．うち東アジア・太平洋地域では 63 億ドルのうち 24%，南アジア地域では 79 億ドルのうち 8% がそれぞれ都市開発向け．
都市開発分野の援助戦略	UN-Habitat Strategic Plan 2014-2019 「経済的に生産的，社会的にインクルージブかつ環境的に持続可能な都市や人間居住の実現に向けて取り組む，中央政府，地方政府及び関係するステークホルダーのより強いコミットメントを促進すること」がビジョン．戦略的結果として「環境的，経済的，社会的に持続可能で，ジェンダーに配慮し，かつ，インクルージブな都市開発の政策が，中央政府，広域政府と地方政府によって実施されることにより，都市貧困層の生活の質を向上させ，都市における社会経済的な生活に彼らの参加を拡大すること」． 最重点分野に①都市に関わる法制度，土地，ガバナンス，②都市のプランニングとデザイン，③都市経済，④都市の基本的サービス．その他の重点分野に⑤住宅とスラム改善，⑥防災と災害復興，⑦研究と能力開発．さらに分野横断的な課題として①ジェンダー，②青少年，③気候変動，④人権．	Urban and Local Government Strategy（2009 年） 都市内の混雑と分裂に対応しつつ空間における生産効率性の向上を図るという認識のもと，「成長と貧困削減に向けて都市化を活用する（Harnessing urbanization for growth and poverty alleviation）」ことに重点を置く． 重点課題として，①都市システムの主要要素の重視（都市管理，財政，及びガバナンス），②貧困削減の優先政策化（都市貧困層の減少とスラムの改善），③都市経済の活性化（都市と経済成長），④土地及び住宅市場の形成と育成（都市計画，土地，住宅），⑤安全かつ持続可能な都市環境の形成（都市環境，気候変動，災害管理）．戦略実施を強化する分野横断的なアプローチとして，①ナレッジ・プログラム，情報の発信と収集，②さまざまな融資戦略，③パートナーシップ，④成果の管理．「持続可能な開発目標」への対応も．

出典：ADB（2013），

アジア開発銀行	国際協力機構（JICA）
設立・本部 1963年，第1回アジア経済協力閣僚会議にて設立が決議，1966年に発足．日本は準備段階より参画． **目的** 国連アジア太平洋経済社会委員会（ESCAP）の発案により，アジア・太平洋地域における経済成長および経済協力を助長し，地域内の開発途上国の経済開発に貢献することを目的として設立された．長期戦略枠組み「ストラテジー2020」では，インクルーシブな経済成長，環境に調和した持続可能な成長，地域統合を支援の3本柱とし，2014年の中間見直しにおいて，インクルーシブネスの一層の重視，イノベーションと強靭性の促進，中所得国への支援強化を強化．本部はマニラ． **融資総額** 229億3,000万ドル（2014年度），うち22億9,000万ドルが水道・都市インフラ向け．	**設立・本部** 1962年，海外技術協力事業団（OTCA）設立，1974年に国際協力事業団（JICA）設立，2003年改名．2008年に国際協力銀行（JBIC）の海外経済協力業務と外務省の無償資金協力業務をJICAに承継（「新JICA」）．本部は東京． **目的** ビジョンは「すべての人々が恩恵を受ける，ダイナミックな開発」，ミッションに①グローバル化に伴う課題への対応，②公正な成長と貧困削減，③ガバナンスの改善，④人間の安全保障の実現，戦略に①包括的な支援，②連続的な支援，③開発パートナーシップの推進，④研究機能と対外発信の強化，さらに，活動指針として，①統合効果の発揮，②現場主義を通じて複雑・困難な課題に機動的に対応，③専門性の涵養と発揮，④効率的かつ透明性の高い業務運営． **事業実績** 1.11兆円（2014年度），うち無償資金協力1,112億円（アジア568億円），技術協力1,764億円（アジア623億円），有償資金協力8,279億円（アジア5,858億円）．
Urban Operational Plan 2012-2020	都市開発分野の協力（2015年）
ビジョンは「活力ある都市（Livable Cities）」．新たな形で，環境に優しく，強靭で，インクルーシブ，競争的かつ環境的に持続可能な都市開発をアジア・太平洋地域で推進することをねらう． 重点的な取り組みは，まず第一に，3Eアジェンダに関わる取り組みとして，ガバナンスの改革とシステムの改善を通じた，環境に優しく，競争的，かつインクルーシブな都市に向けた総合的な都市の持続可能性の評価及び投資を進めること，第二に，プロジェクトの形成，ナレッジマネジメントや融資メカニズムなどによる実施の支援．	ビジョンは「すべての人々が恩恵を受けるダイナミックな都市開発（Urban Growth for Inclusive and Dynamic Development）」． 重点的取り組みとして，①経済活動に寄与する基幹インフラ整備（都市骨格の計画づくり，人・モノ・情報の輸送を円滑にするインフラ整備とオペレーション，経済活動を支える基盤の整備，経済活動と地域社会とのリンケージ），②良好な居住環境の実現（経済成長と居住環境改善の両立，スラム改善に向けた支援，衛生環境の改善），③低炭素都市の実現（都市構造の転換，都市交通における低炭素化，循環型都市の形成，"みどり"の保全と創出，④災害に強い都市の実現（弱者に配慮した予防・被害拡大防止のための都市形成，地域住民と一体となった防災体制の強化，災害発生直後からの応急対応と復旧・復興），⑤良好な都市経営の実現（都市の開発管理，財源確保と民間資本の導入，都市施設の維持管理），⑥都市復興の実現（総合的な復興マスタープランの策定，地域住民の生活基盤の早期の復旧・復興，復興のけん引役となる経済インフラの復旧・復興）．

JICA（2015b），UN-Habitat（2013），World Bank（2009）および各機関ウェブサイトより作成

オピア，フランス，ドイツ，ノルウェー，フィリピン，南アフリカ，スウェーデン，スイス，イギリス），自治体連合（United Cities and Local Governments: UCLG, Metropolis），国際的な NGO（上述 SDI や Habitat for Humanity International：HFHI）などである．

Cities Alliance の活動は，南アフリカのネルソン・マンデラ大統領によって発表されたスラムへの取り組み「Cities Without Slums」に始まり，それはミレニアム開発目標のターゲット 11（スラム）へとつながることとなった．現在のプログラムは，この Cities Without Slums から，都市及び国家レベルでのスラム改善プログラム（Slum Upgrading）や都市開発戦略プログラム（City Development Strategy）へと展開し，さらに，近年は，都市開発及び地方政府に対する国家政策プログラム（National Policy）も強化している．Cities Alliance の活動はアフリカ諸国が中心ではあるが，アジア諸国でも実績を有する．たとえば，インドネシアでは貧困削減を中心的課題に据えた住民参加型の都市開発戦略づくりが 9 都市で進められ，そのうち 5 都市（Bandar Lampung, Blitar, Baubau, Bogor, Palu）ではその実施が約束された．また，ベトナムでは，建設省都市開発局を支援して「ベトナム都市フォーラム（Vietnam Urban Forum）」が立ち上げられ，100 を超える官民さまざまな組織が集う，国家レベルでの情報交換や政策対話の場としてその存在感を高めている（Cities Alliance, 2015；Cities Alliance ウェブサイト）．

■ アジア太平洋都市間協力ネットワーク（シティ・ネット：The Regional Network of Local Authorities for the Management of Human Settlements）：持続可能な開発に向けた都市間連携のプラットフォーム

アジア太平洋都市間協力ネットワーク（シティ・ネット）は，アジア・太平洋地域における持続可能な開発に取り組む都市間連携のプラットフォーム的な組織で，現在，アジア 19 カ国は地域 135 の自治体（日本では横浜市）や NGO，民間企業，研究所をメンバーとしている．1987 年に国連太平洋経済社会委員会（UNESCAP），国連開発計画（UNDP），国連ハビタットによって設立された．事務局はソウルにあるが，横浜市にプロジェクトオフィスを置く．

「Connect」，「Exchange」，「Build」を理念とするシティ・ネットの活動分野は 4 つのクラスター（気候変動，インフラストラクチャー，災害，ミレニアム開発目標）に分けられ，提供されるプログラムはメンバーのニーズに対応させている．また，南南協力を推進するため，開発途上国都市間技術協力（Technical Cooperation among Cities of Developing Countries: TCDC），都市間協力アプローチ（City to City Approach: C2C），クアラルンプールトレーニングセンター（Kuala Lumpur Regional Training Centre: KLRTC）などのサービスも提供し

ており，都市間協力アプローチでは100を超える協力関係がアジア・太平洋地域で結ばれている（シティ・ネットウェブサイト）．

12.3 日本の都市分野における国際協力

　日本の都市開発分野における国際協力にはどのような取り組みがみられるだろうか．ここでは，国際協力機構（JICA）の動向と，近年，力が注がれている「インフラシステム輸出」を紹介することとしたい．

(1) JICAによる都市開発に関わるさまざまな取り組み

　JICAの都市開発分野のビジョン「すべての人々が恩恵を受けるダイナミックな都市開発」の下で進められている（表12-5）．近年の都市開発に関する事業をみると，上下水道，廃棄物管理，交通などさまざまな分野の都市インフラの整備に加え，マスタープランの策定支援も行われている．たとえば，「コロンボ都市交通調査プロジェクト」（スリランカ，2012〜14年）では地球環境にも配慮した総合的な都市交通政策が策定され，「ウランバートル市都市計画マスタープラン・都市開発プログラム策定調査」（モンゴル，2007〜09年）では都市計画策定から実施能力向上まで一貫した都市開発事業に取り組む態勢が構築された．「ヤンゴン都市圏開発プログラム形成準備調査」（ミャンマー，2012年〜）では，ヤンゴン都市圏の中・長期的で包括的なマスタープランが策定され（2013年），続いて交通マスタープラン（2014年）などの分野別の計画の策定とそれに基づく関連事業の実施が進められている．

　また，近年，JICAは，民間企業や地方自治体，NGO，大学等との連携にも力を注いでいる．アジア諸国における民間企業との連携では，海外投融資（開発途上国における日本企業等による民間事業に対する投融資）の枠組みを活用しつつ，前述のジャカルタ首都圏投資促進特別地域（MPA）マスタープランをはじめとして，官民連携（PPP: Public Private Partnership）やBOPビジネス，中小企業の海外進出を支援しており，都市における事業もみられる．たとえば，横浜市などと連携しつつ，バンコクでは「バンコク気候変動マスタープラン2013-2023」，フィリピン第二の都市圏メトロ・セブでは持続可能な環境都市の構築に向けたロードマップ「メガセブビジョン2050」がそれぞれ策定された．

　加えて，こうした国際協力のさまざまな「担い手」とJICAとの連携を推進する枠組みとして，「青年海外協力隊」や「シニアボランティア」などのボランティア事業のほか，「草の根技術協力事業」も興味深い．この事業は，国際協力の意志のある日本の民間企業や地方自治体，NGO，大学（研究室単位でも可能！）等の団体が実施し，かつ，開発途上国の地域住民の生活改善・生活向上に

対して直接的に役立つような事業を国際協力機構（JICA）と共同で行うというもので，2014年度には約250件の事業が世界50カ国で実施された．2014年度に採択された事業のうち，アジア都市を対象としたものには，「コナキタバル市におけるゴミ分別・回収システムの定着」（マレーシア，一般社団法人・あきた地球環境会議），「マニラ首都圏郊外再定住地における貧困層の子どもを対象としたライフスキル教育プログラム構築事業」（フィリピン，NPO法人ソルト・パタヤス），「工場労働者のための子宮頸がんを入口とした女性のヘルスケア向上プロジェクト」（カンボジア・プノンペン市，公益社団法人・日本産科婦人科学会），「ボホール州トゥビゴン市における予防／準備／対応／復旧に関する防災能力向上プロジェクト」（フィリピン，名古屋工業大学）などがあるが，これだけをみても，廃棄物管理や教育，保健・医療，防災といった幅広い都市問題に対してNGOや大学等がさまざまな取り組みを展開している様子がうかがえよう．また，大学・研究機関等との連携では，2008年度より開始された「地球規模課題対応国際科学技術協力（SATREPS：Science and Technology Research Partnership for Sustainable Development）」もある．

(2) **経協インフラ戦略会議とインフラシステム輸出**

日本の国際協力で近年力が注がれている取り組みの一つは「インフラシステム輸出」であろう．これは，アジア諸国などの成長を取り込み日本経済の活性化につなげるべく，日本企業の海外展開を支援し，インフラシステムの輸出を後押しすることを主たる目的として，インフラ輸出や経済協力などを統合的に議論する閣僚会議「経協インフラ戦略会議」が設置されたことで本格化した．2013年3月の設置から2015年12月までに延べ18回の会合が重ねられ，分野別・分野横断的課題，地域別・国別課題をふまえつつ，取り組みの方針やフォローアップが進められている．

その方針を示す「インフラシステム輸出戦略」（2013年策定，2015年改定）は，①企業のグローバル競争力に向けた官民連携の推進，②インフラ海外展開の担い手となる企業・地方自治体や人材の発掘・育成支援，③先端的な技術・知見等を活かした国際基準の獲得，④新たなフロンティアとなるインフラ分野への進出支援，⑤エネルギー鉱物資源の海外からの安定的かつ安価な供給確保の推進，という「5本柱」の施策を推進し（表12-6），日本企業が2020年に約30兆円（2010年比のおよそ3倍）のインフラシステムを受注することを目指すとしている．

特に，世界各地域の中でも既に多くの日系企業が進出している「中国・ASEANグループ」は「日本にとって絶対に失えない，負けられない市場」と位置づけ，「あらゆる分野におけるインフラ輸出の拡大のみならず，サプライチェー

ンの強化による本邦進出企業の支援や『更に幅広い』産業の進出を促すなど，この地域では『FULL 進出』をキーワードに取り組んでゆく」と重視しており，さらに，2013 年，2014 年に開催された日 ASEAN 首脳会議では，5 年間で 2 兆円規模の ODA を供与することやアジア地域の「質の高い成長」のために質の高いインフラ整備を推進することなどが表明された．

　都市におけるインフラシステム輸出では，ベトナムにおいて，2013 年 10 月に締結された協定覚書に基づいてエコシティ開発を推進，フィリピンにおいて「マニラ首都圏の持続的発展に向けた運輸交通ロードマップ」に基づく諸事業を ODA や官民連携の枠組みで推進するとしているほか，インドネシアでは中国に譲ることとなった高速鉄道も，マレーシア〜シンガポール間やタイのバンコク〜チェンマイ間での受注を目指している．さらに，地方自治体や企業の技術や経験，ノウハウを活かした，水・廃棄物処理・リサイクル等の都市インフラ分野での都市間連携を推進することもかかげられている（経協インフラ戦略会議，2015）．

　諸外国の事例をみると，たとえば，シンガポールもまた政府系企業の都市開発コンサルティングのサーバナ・ジュロンなどが「シンガポール型都市」の輸出に取り組み，2012 年にはベトナムのハイフォンに「シンガポールが建国から 50 年間で培った『知恵』を詰め込んだ」とされる「ベトナム・シンガポール工業団地（VSIP）ハイフォン」を開業させている（日本経済新聞，2015 年 11 月 19 日朝刊）．「システムの輸出」の動向は今後も興味深い．

12.4 まとめ

　本章では都市分野の国際協力をめぐる国内外の動向をみた．急速な都市化の進むアジア諸国の都市問題への対応には，まさに「持続可能な開発目標」に示されたように，さまざまな「分野」にわたる包括的な取り組みが必要であり，そして，そのような国際協力に対して，「先進国の ODA」だけでなく，世界各国から，政府，民間企業，NGO をはじめとするさまざまな「担い手」が活動している様子が垣間見られた．

　それでは，持続可能な都市づくりに向けて国際協力はどのようにあるべきであろうか．既に言い尽くされてはいるが，何よりまず，こうした多様な担い手が，「持続可能な都市」という共通の目標を見据えつつ，その都市に住まう人々とともに，それぞれの強みを活かし，また，弱みを補い合うことが求められることはいうまでもない．そして，アジア諸国をはじめ，開発途上国の都市が現在かかえるさまざまな都市問題は私たち日本人にとって「対岸の火事」という訳ではない．たとえば，スラムの問題をとっても，かつての日本は「不良住宅地」と呼ば

表12-6 インフラシステム輸出戦略における施策の5本柱

① 企業のグローバル競争力強化に向けた官民連携の推進
・多彩で強力なトップセールスの推進 ・経済協力の戦略的展開（政策支援ツールの有効活用） ・官民連携体制の強化 ・インフラ案件の面的・広域的な取り組みへの支援 ・インフラ案件の川上から川下までの一貫した取組への支援 ・インフラ海外展開のための法制度等ビジネス環境整備
② インフラ海外展開の担い手となる企業・地方自治体や人材の発掘・育成支援
・中小・中堅企業及び地方自治体のインフラ海外展開の推進 ・グローバル人材の育成及び人的ネットワーク構築
③ 先進的な技術・知見等を活かした国際標準の獲得
・国際標準の獲得と認証基盤の強化 ・先進的な低酸素技術の海外展開支援 ・防災先進国としての経験・技術を活用した防災主流化の主導
④ 新たなフロンティアとなるインフラ分野への進出支援
・医療分野，農業・食品分野，宇宙分野，その他の分野（防災，海洋インフラ，エコシティ，超電導リニア，郵便等）
⑤ エネルギー鉱物資源の海外からの安定的かつ安価な供給確保の推進
・天然ガス，石油，鉱物資源，石炭

出典：経協インフラ戦略会議（2015）より作成

れるスラムに悩まされてきたし，また，気候変動の緩和・適応や防災・減災といった課題は，私たち全員にとっても取り組まねばならぬ課題なのであり，すなわち，開発途上国の人々と私たちは，通時的または共時的な意味において都市問題を共有しているのである．このような視点に立って，やや情緒的になることを恐れずに付言するならば，国際協力とは，私たちが「開発途上国」に対して「与える」という性質のものではなく，そこに住まう「人々」と私たちとが「学び合う」ものであり，その姿勢に立って初めて「持続可能な都市」に向けた地平が拓かれるのではなかろうか． ［志摩 憲寿］

【参考文献】
外務省（2015）『2014年度版政府開発援助（ODA）白書 日本の国際協力』文化工房
経協インフラ戦略会議（2015）「インフラシステム輸出戦略（平成27年度改訂版）」
国際協力機構（JICA）（2015a）『国際協力機構年次報告書』
国際協力機構（JICA）（2015b）『都市開発分野の協力』
国際協力機構（JICA）http://www.jica.go.jp/
下村恭民他（2009）『国際協力：その新しい潮流』（新版）有斐閣選書
「シンガポール丸ごと輸出」『日本経済新聞』2015年11月19日朝刊

Asian Development Bank (ADB) (2013) "Urban Operational Plan 2012-2020"
Asian Development Bank (ADB) (2015) "ADB Annual Report 2014"
Asian Development Bank (ADB) http://www.adb.org
Cities Alliance (2015) "Cities Alliance Annual Report 2014"
Cities Alliance http://www.citiesalliance.org
Kitano, N. and Harada, Y. (2015) "Estimating China's Foreign Aid 2001-2013", *Journal of International Development*, DOI: 10.1002/jid.3081
OECD Development Co-operation Directorate (DCD-DAC) http://www.oecd.org/dac/
Organisation for Economic Cooperation and Development (OECD) (2015) "Development Co-operation Report 2015: Making Partnerships Effective Coalitions for Action"
Regional Network of Local Authorities for the Management of Human Settlements (CITY NET) http://citynet-ap.org/
United Nations Human Settlements Programme (UN-Habitat) (2013) "UN-HABITAT Strategic Plan for 2014-2019"
United Nations Human Settlements Programme (UN-Habitat) (2015) "UN-Habitat Global Activities Report 2015: Increasing Synergy for Greater National Ownership"
United Nations Human Settlements Programme (UN-Habitat) http://unhabitat.org/
United Nations - Sustainable Development Goals http://www.un.org/sustainabledevelopment/sustainable-development-goals/
World Bank (2010) "Systems of Cities: Harnessing Urbanization for Growth and Poverty Alleviation: The World Bank Urban and Local Development Strategy"
World Bank (2015) "Annual Report 2015"
World Bank http://www.worldbank.org

索　引

ACHR　Asian Coalition for Housing Rights ……………………………140
BRAC　Bangladesh Rural Advancement Committee ………………………83
BRT　Bus Rapid Transit ……………127
Cities Alliance ………………………195
CO_2 の排出 ………………………109
CODI　Community Organizations Development Institute ……………142
CWSU　City-Wide Slum Upgrading …142
DAC　Development Assistance Committee ……………………………………185
EMR　Extended Metropolitan Regions ……………………………………100
EMR 拡大首都圏 ……………………13
FDI（Foreign Direct Investment）型新中間層都市 ………………………………13
JICA　Japan International Cooperation Agency ………………………………199
LOCOA　Leaders and Organizers of Community Organizations in Asia …140
LRT　Light Rail Transit ……………128
MNN　Myanmar NGO Network ………83
NGO　Non Governmental Organization ………………………………………74
NPO　Non Profit Organization …………74
ODA　Official Development Assistance ……………………………………185
ODA 実績 ……………………………189
OPP　Orangi Pilot Project …………140
PPP　Public-Private Partnership ………………………… 32, 109, 174
PPP 契約 ……………………………174
PPP 事業 ……………………………176
R&P（Railway plus Property）方式…178
TOD　Transit Oriented Development ……………………………………126
WGI　World Giving Index …………82

■あ行

アクセシビリティの改善 ……………31
アジア市民社会 ………………………71
アジア都市の近代化過程 ……………86
アジア都市の商業の場 ………………86
アジア都市の象徴性 …………………86
新しい市民社会 ………………………76
アンコール王朝 ………………………90

イネーブリング原則 …………………138
インド ………………………………135
インド型都城 …………………………90
インド的世界観 ………………………90
インドネシア ……………62, 65, 79
インフォーマル居住地 ………………133
インフォーマル市街地 ………38, 108
インフォーマルセクター ………………7
インフラシステム輸出 ………………200
インフラの未整備 ……………………108

エッジワースボックス ………………23
円借款 ………………………………187

オランギ ……………………………140

■か行

海外投融資 …………………………187
開発協力大綱 ………………………186
開発の時代 …………………………69
開発ベースの手法 …………………178
開発利益還元 ………………………177
外部不経済 …………………………170
拡大大都市圏 ………………………100
家計最終消費支出 …………………113
過剰都市化 ……………………………9
ガバナンス …………………………54
ガバメント …………………………56

カラチ	140	国際的な環境問題	103
川筋権力	91	国内材料消費量	112
間接民主主義	59	国連ミレニアム開発目標	134
関東大震災	154	古代都市	87
カンボジア	80	国家統合の時代	69
官民連携	32	国家優位の国	75

■さ行

気候変動	111
技術の伝搬プロセス	27
共益志向開放型ガバナンス	60
共益志向閉鎖型ガバナンス	60
共助	158
居住運動	139
空間の変容	18
草の根技術協力事業	199
グッドガバナンス	73
グラミン銀行	139
グリーン経済	114
経済格差	30
経済システムとしての市民社会	70
経済のグローバル化	72
契約曲線	24
減災	159
建築物の省エネ	111
コア・ハウジング	136
交易	92
公益志向開放型ガバナンス	60
公共交通	125
公共交通指向型開発	126
公共交通優先政策	125
港市	92
公助	158
交通計画にかかるマネジメント技法	119
交通鎮静化	121
公的ガバナンス	58
甲府盆地周辺の治水事業	152
国際協力機構	199
国際協力の規模	187
国際的イニシアティブ	195

災害	151
災害記録	151
災害脆弱性	163
災害対策基本法	156
災害リスク	157
財政移転	172
サイト・アンド・サービス	136
サプライチェインの代替性	159
シェアリングシステム	129
自助	158
自然災害	160
持続可能な開発目標	195
持続可能な消費と生産	115
持続可能な都市	102
持続可能な都市についてのメルボルン原則	102
シティ・ネット	198
自転車交通戦略	124
自転車シェアリング	124
市民社会	69
市民社会の役割	72
社会運動の出現パターン	78
社会基盤インフラ	168
社会システムとしての市民社会	70
社会的な力の基盤	147
社会優先の国	75
住環境問題	104
集積の経済	21, 28
住宅専門機関	135
受益者負担の原則	169
手段転換メカニズム	119
首都空間の形成	98

城砦·····································94
詳細地区計画·························40
城中村·································48
植民地経営···························96
植民地都市···························94
ショップハウス·····················95
シンガポール························95
人口構成の変容·····················17
新興国での都市交通問題······118
震災···································154
新中間層·······························15

隋・大興城···························88
水質汚染·····························107
水道普及率··························107
スクォッター·······················133
ステークホルダー··················58
住まいの権利······················132
スラム························132, 135
スラム・クリアランス···········49
スラム改善事業···················136
スリランカの住宅百万戸計画···145
生活環境問題······················107
生産要素の空間配分··············22
政治システムとしての市民社会···70
政治体制·······························77
制度·····································58

贈与···································187
ゾーニング規制·····················39
ソフト対策（非構造物対策）···158

■た行

タイ······························62, 66
第1世代のガバナンス論·········57
第2世代のガバナンス論·········57
大火···································153
大気汚染·····························106
大航海時代···························93
タミルナド都市開発基金······182

地域特化の経済·····················21
小さな政府···························55
チェックリスク型··················42
地方財政の悪化···················173
地方自治制度························61
地方自治体の支出················172
地方自治体の収入源·············171
地方分権·····························171
中国······························47, 80
中国型都城の影響··················89
中国型都城の特徴··················89
中国での都城の原型···············87
鎮市·····································92

通貨経済危機························55
強い国家·······························75

帝国主義時代························96
デサコタ·······························13
伝統復興·······························98

東南アジア型都市··················91
独立後の都市························98
都市インフラ整備··················31
都市開発金融の仕組み·········181
都市化の経済························21
都市化の速度··························5
都市ガバナンス·····················65
都市から農村への引っ張り要因···7
都市環境問題······················103
都市計画制度························39
都市形成プロセス··················50
都市人口比率··························3
都市全域のスラム改善·········142
都市鉄道······················126, 130
都市内格差の問題················107
都市貧困層への取り組み·······82
都城·····································87
都心地区交通管理················122
トダロの人口移動モデル··········9
土地正規化事業···················136
利根川東遷事業···················152

索　引

■な行

二国間援助……………………………187
日本の開発協力………………………186

熱帯植民地………………………………97

農村から都市への押し出し要因…………7
農村都市共同体…………………………13

■は行

ハード対策（構造物対策）……………158
バーン・マンコン（安心の家）プログラム
　………………………………………143
パティロ…………………………………65
パラトランジット……………………128
パレート効率的…………………………24
バングラディッシュ……………………83
バンコク…………………………………46
阪神・淡路大震災……………………154

費用ベースの手法……………………177

フィリピン………………………62，65，83
負の外部性……………………………170
分権型……………………………………43

北宋・開封………………………………88
歩行者のための空間…………………122
ボランタリー組織………………………60
ボランティアへの参加意識……………81

■ま行

マスタープラン型………………………41

マスタープラン型制度…………………47
まちづくり型の都市形成プロセス……51
マレーシア………………………………80

ミャンマー………………………………83
ミレニアム開発目標…………………193
民間資金………………………………189
民主化……………………………………71

無権利居住者…………………………133
無償資金協力…………………………187
ムンバイ大都市圏………………………44

明暦の大火……………………………153
メガシティ………………………………5

モバイルフォーン・モブ………………15

■や行

有償資金協力…………………………187

用途混合型…………………………43，47
用途混合チェックリスト型制度………46
用途純化型………………………………43
用途純化チェックリスト型制度………44
より良い復興…………………………166
弱い国家…………………………………75

■ら行

リダンダンシー………………………159
リボン・ディベロップメント…………12

冷戦下の都市……………………………99

編者・執筆者紹介

【編　者】

松行美帆子（まつゆき・みほこ）　横浜国立大学大学院都市イノベーション研究院准教授．東京大学工学系研究科都市工学専攻博士課程修了．博士（工学）．東京大学都市持続再生研究センター特任助教，都市工学専攻特任准教授などを経て現職．専門分野は，都市計画，とくに開発途上国の都市計画，都市計画への環境配慮．著書に，『低炭素都市：これからのまちづくり』学芸出版社，『都市・地域の持続可能性アセスメント：人口減少時代のプランニングシステム』学芸出版社（いずれも共著）などがある．[1章，7章]

志摩憲寿（しま・のりひさ）　東洋大学国際地域学部准教授．博士（工学）．東京大学大学院博士課程修了．東京大学都市持続再生研究センター特任講師などを経て2014年より現職．国連ハビタット，アジア開発銀行でコンサルタント，国連大学でリサーチフェローなども兼任．専門分野は都市計画・まちづくり．近年は東南アジアに加えサブサハラアフリカも研究対象としている．著書に『アジア・アフリカの都市コミュニティ：「手づくりのまち」の形成論理とエンパワメントの実践』学芸出版社，『世界のSSD100：都市持続再生のツボ』彰国社（いずれも共著）などがある．[12章]

城所哲夫（きどころ・てつお）　東京大学大学院工学系研究科准教授．東京大学大学院修士課程修了．博士（工学）．国連ESCAP，国連UNCRD，チュラロンコン大学客員講師をへて現職．国連大学高等研究所客員教授．ほかに，世界銀行・アジア開発銀行コンサルタント，OECD専門家等．専門分野は，都市・地域計画．著書に，『アジア・アフリカの都市コミュニティ：「手づくりのまち」の形成論理とエンパワメントの実践』学芸出版社，『復興まちづくり最前線』学芸出版社，"Sustainable City Regions" Springer，"Vulnerable Cities" Springer（いずれも編著），『地球環境と巨大都市』岩波書店（共著）などがある．[3章，7章]

【執筆者】

大田省一（おおた・しょういち）　京都工芸繊維大学工芸科学研究科准教授．東京大学大学院工学系研究科建築学専攻博士課程修了．博士（工学）．東京大学東洋文化研究所助手，東京大学生産技術研究所助教，ハノイ建設大学，イェール大学客員研究員をへて現職．著書に『建築のハノイ：ベトナムに誕生したパリ』白揚社，『アジアからみる日本都市史』山川出版社（共著）などがある．[6章]

加藤浩徳（かとう・ひろのり）　東京大学大学院工学系研究科社会基盤学専攻教授．東京大学工学部土木工学科卒業．博士（工学）．東京大学助手，（財）運輸政策研究機構

調査役，東京大学講師，准教授を経て現職．著書に『交通の時間価値の理論と実際』技報堂出版（編著），『市民生活行動学』（共著）などがある．[2 章]

鈴木博明（すずき・ひろあき）　世界銀行都市開発コンサルタント．東京大学大学院，政策研究大学院大学,上智大学,非常勤講師．元世銀主席都市専門官．マサチューセッツ工科大学スローン経営大学院（修士）．海外経済協力基金（OECF，現在の JICA）と世銀のインフラストラクチャー部門及び公共部門で 38 年の業務経験を積む．著書に "Eco^2 Cities: Ecological Cities as Economic Cities", "Transforming Cities with Transit: Transit and Land-Use Integration for Sustainable Urban Development" 及び "Financing Transit-Oriented Development with Land Values: Adapting Land Value Capture in Developing Countries"（いずれも World Bank，共著書）などがある．米国バージニア州に在住．[11 章]

永井史男（ながい・ふみお）　大阪市立大学大学院法学研究科教授．京都大学大学院法学研究科博士課程単位取得退学．修士(法学)．京都大学東南アジア研究センター助手，タイ国タマサート大学政治学部客員研究員，英国オクスフォード大学日産日本問題研究所上級客員研究員などを経て現職．著書に『自治体間連携の国際比較：市町村合併を超えて』ミネルヴァ書房，『アジアの政治経済・入門』（新版）有斐閣（いずれも共著）などがある．[4 章]

中村文彦（なかむら・ふみひこ）　横浜国立大学理事・副学長．都市イノベーション研究院教授．東京大学大学院工学系研究科都市工学専攻修士課程修了．工学博士．東京大学助手，アジア工科大学院助教授，横浜国立大学助教授をへて現職．著書に『バスでまちづくり：都市交通の再生をめざして』学芸出版社，共著書に『都市交通計画 第2版』技報堂出版，『都市再生：交通学からの回答』学芸出版社，『都市計画：根底から見なおし新たな挑戦へ』学芸出版社，『60 プロジェクトによむ日本の都市づくり』朝倉書店などがある．[8 章]

秦　辰也（はた・たつや）　近畿大学総合社会学部総合社会学科教授．東京大学大学院工学系研究科都市工学専攻博士課程修了．博士（工学）．公益社団法人シャンティ国際ボランティア会（SVA）アジア地域事務所長，事務局長，専務理事等をへて現職．著書に『ボランティアの考え方』（岩波ジュニア新書），『タイ都市スラムの参加型まちづくり研究』（明石書店），編著書に『アジアの市民社会と NGO』（晃洋書房）などがある．[5 章]

穂坂光彦（ほさか・みつひこ）　日本福祉大学大学院国際社会開発研究科特任教授．東京大学大学院都市工学専攻博士課程退学．国連 UNCRD（名古屋），ESCAP（タイ），HABITAT（スリランカ）職員等を経て現職．NGO ネットワーク ACHR の設立と運営に参加．共編著に『貧困と開発』日本評論社，Grassroots Social Security in

Asia, Routledge,『福祉社会の開発：場の形成と支援ワーク』ミネルヴァ書房など．［9章］

松丸　亮（まつまる・りょう）　東洋大学国際地域学部教授．横浜国立大学大学院工学府社会空間システム学専攻博士後期課程修了．博士（工学）．株式会社パシフィックコンサルタンツインターナショナル，有限会社アイ・アール・エム（社長）時代には，途上国の防災関連の支援プロジェクトに多数従事．早稲田大学理工学術院非常勤講師等を経て現職．著書に『国際開発と内発的発展：フィールドから見たアジアの発展のために』朝倉書店，"Disaster Risk Reduction for Economic Growth and Livelihood: Investing in Resilience and Development" Routledge（いずれも共著）など．［10章］

グローバル時代のアジア都市論
持続可能な都市をどうつくるか

	平成 28 年 1 月 25 日　発　　行
	令和 5 年 3 月 5 日　第 2 刷発行

編　者　　松　行　美帆子
　　　　　志　摩　憲　寿
　　　　　城　所　哲　夫

発行者　　池　田　和　博

発行所　　丸善出版株式会社
〒101-0051　東京都千代田区神田神保町二丁目 17 番
編集：電話(03)3512-3264／FAX(03)3512-3272
営業：電話(03)3512-3256／FAX(03)3512-3270
https://www.maruzen-publishing.co.jp

© Mihoko Matsuyuki, Norihisa Shima,
　Tetsuo Kidokoro, 2016

組版／株式会社 日本制作センター
印刷・製本／大日本印刷株式会社

ISBN 978-4-621-30019-0 C3036　　　Printed in Japan

JCOPY 〈(一社)出版者著作権管理機構 委託出版物〉
本書の無断複写は著作権法上での例外を除き禁じられています．複写
される場合は，そのつど事前に，(一社)出版者著作権管理機構(電話
03-5244-5088, FAX 03-5244-5089, e-mail：info@jcopy.or.jp)の許諾
を得てください．